巴基斯坦及克什米尔地区地震安全报告

中国地震局科技与国际合作司　编

地震出版社
Seismological Press

图书在版编目（CIP）数据

巴基斯坦及克什米尔地区地震安全报告／中国地震局科技
与国际合作司编. — 北京：地震出版社，2022.12
ISBN 978-7-5028-5497-3

Ⅰ. ①巴⋯　Ⅱ. ①中⋯　Ⅲ. ①地震灾害-灾害防治-研究
报告-巴基斯坦　Ⅳ. ①P315.9

中国版本图书馆 CIP 数据核字（2022）第 195157 号

地震版　XM5137/P（6318）

巴基斯坦及克什米尔地区地震安全报告

中国地震局科技与国际合作司　编
责任编辑：王亚明
责任校对：鄂真妮

出版发行　地震出版社
北京市海淀区民族大学南路 9 号　　　　　　　　邮编：100081
销售中心：68423031　　　　　　　　　　　　传真：68467991
总 编 室：68462709　68423029
编辑一部：68426052
http://seismologicalpress.com
E-mail：dz_press2022@163.com
经销：全国各地新华书店
印刷：河北文盛印刷有限公司

版（印）次：2022 年 12 月第一版　　2022 年 12 月第一次印刷
开本：850×1168　1/16
字数：75 千字
印张：4.75
书号：ISBN 978-7-5028-5497-3
审图号：GS 京（2022）1437 号
定价：60.00 元

《巴基斯坦及克什米尔地区地震安全报告》
编 委 会

主　　编：闵宜仁

副 主 编：王　昆　车　时

编　　委：朱芳芳　李　丽　何宏林　孙柏涛　张　锐

　　　　　吴　健

执行编委：（按姓氏笔画排列）

王忠梅　刘志成　闫佳琦　杨文心　李　涛

李　瑜　李永佳　邹　锐　张　沅　张红艳

张园园　张桂欣　陈　杰　陈子峰　陈相兆

陈洪富　范熙伟　林旭川　罗　浩　周　健

姜鹏飞　祝　杰　胥广银　聂高众　温瑞智

魏占玉

巴基斯坦伊斯兰共和国及克什米尔地区位于喜马拉雅山脉、喀喇昆仑山脉、兴都库什山脉、苏莱曼山脉等山系交汇区和帕米尔高原、印度河平原接合部，地势北高南低，地形地貌复杂，地质构造活跃，垂直地带分明，气候环境多变。

"中巴经济走廊"北起我国喀什，南至巴基斯坦瓜达尔港，全长3000千米，北接"丝绸之路经济带"，南连"21世纪海上丝绸之路"，是贯通南北丝路的关键枢纽，也是一条包括公路、铁路、油气管道和光缆的"四位一体"通道和贸易走廊，被称为"一带一路"的重要先行先试项目。它不仅对中巴两国关系的发展具有强大的推动作用，而且也是南亚、中亚、北非、海湾国家等通过经济、能源领域的合作紧密联系在一起的纽带。

巴基斯坦及克什米尔地区地处欧亚地震带中段，位于印度、欧亚和阿拉伯三大板块交汇部位，重大地震灾害频发，分布范围广、灾害链长、损失严重。除地震直接灾害外，北部和西部山区的地震通常引发严重的地质灾害，东部印度河平原地区的地震容易引发液化、震陷等场地灾害，南部近海莫克兰俯冲带上的大地震容易引发近海地区海啸灾害。在历史上，

2005年北部的克什米尔7.6级地震，叠加严重的地质灾害，造成8.6万人遇难；1935年中部的奎达7.6级地震造成3万～6万人遇难；1945年南部近海俾路支斯坦8.1级地震及其诱发的大规模海啸造成沿海设施的毁灭性破坏。这些典型的灾害实例都说明，"中巴经济走廊"建设面临着地震灾害威胁。从目前掌握的资料来看，巴基斯坦及克什米尔地区的地震危险性水平，按我国标准包括了Ⅶ度到Ⅸ度的不同危险性分区，在地震烈度很高的北部、西部高原山区和高原–平原过渡地区，分布着大量的重要基础设施和人口。因此，巴基斯坦及克什米尔地区的大地震，会直接导致当地人员伤亡和财产损失，也会影响到我国在该地区的投资和人员安全，以及"中巴经济走廊"的顺利实施。

基于上述考虑，中国地震局在《"一带一路"地震安全报告》顺利出版后，计划按国别发布"一带一路"地震安全系列报告，将《巴基斯坦及克什米尔地区地震安全报告》作为系列报告的首部之作优先组织力量编制完成，目的就是尽快提供对该地区地震安全总体形势的分析，服务于当地防震减灾工作的需要，助力"一带一路"倡议的顺利实施。

目 录

第1章　地震监测能力

地震监测能力是对地震台网能测定地震震源位置、发震时刻和震级等基本参数且达到一定精度要求的台网控制区域的描述，能够较为综合地反映某一地区的地震监测水平，一般用不同震级控制范围等值线图的方式表达。地震监测能力的高低主要取决于监测台站密度、台站布局的合理性、台站观测环境质量及观测仪器的灵敏度等因素。

巴基斯坦国家地震监测台网由巴基斯坦气象厅（Pakistan Meteorological Department，PMD）负责运行维护。目前，巴基斯坦在网运行的地震监测台站共计 25 个（图 1-1），其中 14 个为巴基斯坦气象厅自建，1 个归属全球地震台网[①]（Global Seismographic Network，GSN），10 个为中国无偿援助巴基斯坦建设，所有台站数据均通过卫星通信实时传回至伊斯兰堡地震数据中心和卡拉奇地震监测与海啸预警中心。

基于巴基斯坦国家地震监测台网正式运行后连续多天的监测数据，计算得到巴基斯坦及克什米尔地区的地震监测能力图（图 1-1）。该区域内的中巴经济走廊北部地区地震监测能力整体较高，基本能够保证 3.5 级地震不遗漏。首都伊斯兰堡及克什米尔东北部与中国接壤地区的地震监测能力最高，能够保证 3.0 级地震不遗漏，这主要受益于伊斯兰堡和中国新疆地区较高的台网密度。其他地区仅能保证 5 级地震不遗漏，相较于我国大部分地区地震监测能力达到 2.5 级，其中首都圈 1.0 级、东部地区 2.0 级来说，巴基斯坦及克什米尔地区整体地震监测能力较低。

为进一步提升巴基斯坦及克什米尔地区整体地震监测能力，保障该地区人员、重大基础设施的地震安全，同时加强巴基斯坦地震监测体系建设，推动中巴双方地震科技合作，依托中国地震局正在实施的"一带一路"地震监测台网项目，对巴基斯坦及克什米尔地区部分已有地震监测台站观测设备进行升级改造，以满足其对全频带地震监测的需求。改造完成后，首都伊斯兰堡区域将有望实现 2.5 级地震不遗漏。

---

① 全球地震台网：是由美国地震学研究联合会（IRIS）与美国地质调查局（USGS）联合国际组织，建设和运行的一个全球性、多用途的数字化地震台网，包含分布于全球的 152 个地震台站，提供免费、实时、开放的数据访问。

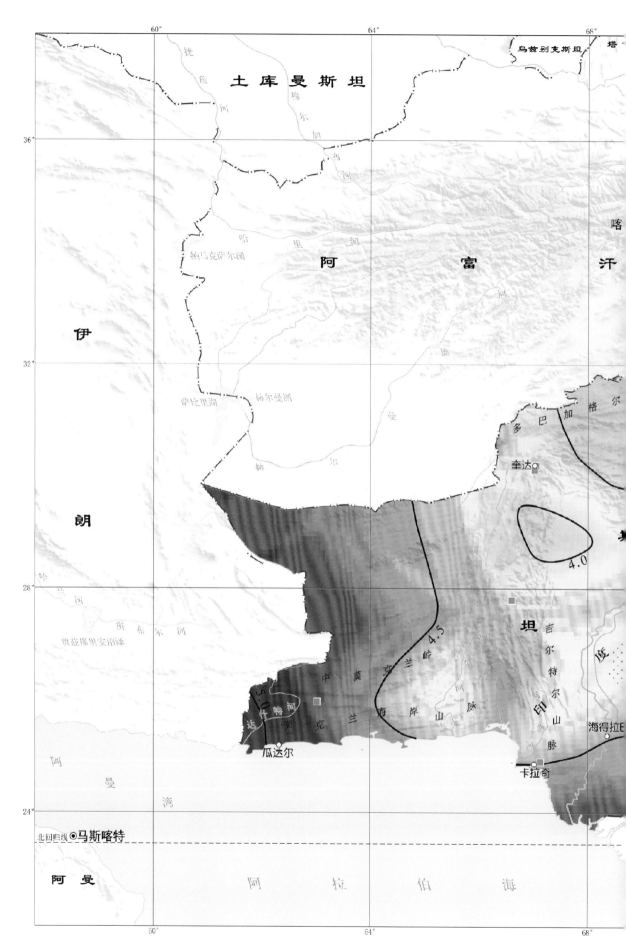

图 1-1　巴基斯坦及克什米尔地区地震监测能力图

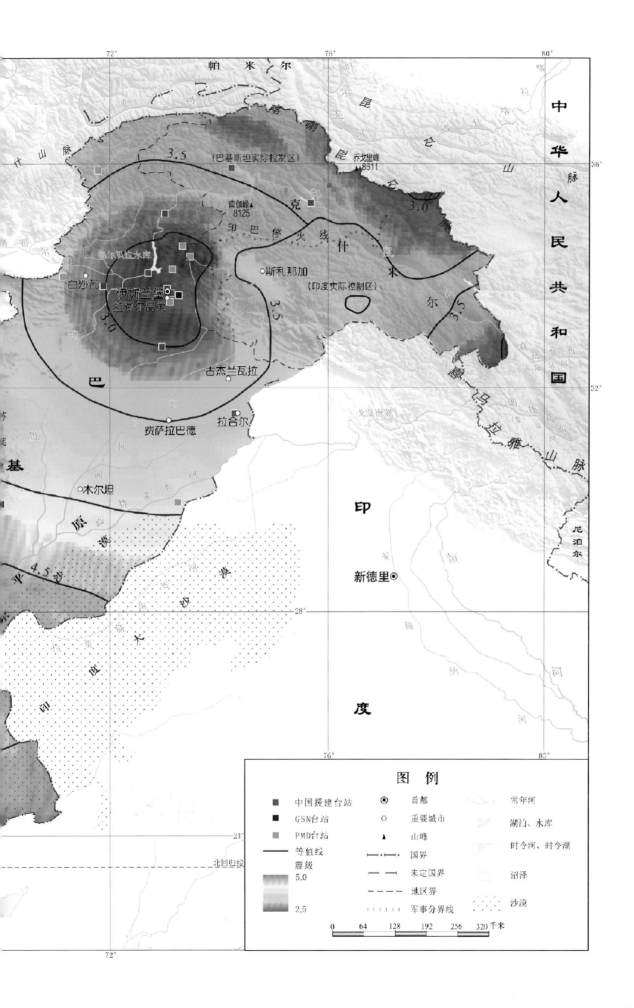

图　例

中国援建台站　　◉　首都　　　　　　　常年河
GSN台站　　　　○　重要城市　　　　　　湖泊、水库
PMD台站　　　　▲　山峰　　　　　　　　时令河、时令湖
等值线　　　　　┠·┨·┠　国界
震级　　　　　　┅┅　未定国界　　　　　沼泽
5.0　　　　　　┄┄　地区界
2.5　　　　　　┈┈┈　军事分界线　　　　沙漠

0　　64　　128　　192　　256　　320 千米

第 2 章　地震分布

截至 2021 年底，巴基斯坦及克什米尔地区及其周边共记录到 5.0 级及以上地震事件 979 次。其中，8.0 级及以上地震 1 次，为发生在 1945 年 11 月 27 日的俾路支斯坦 8.1 级地震；7.0~7.9 级地震 22 次，6.0~6.9 级地震 133 次，5.0~5.9 级地震 823 次。图 2-1 为巴基斯坦及克什米尔地区 5.0 级及以上地震震中与人口分布图。图 2-2 为巴基斯坦及克什米尔地区 5.0 级及以上地震震中与 GDP 分布图。附表 1 为巴基斯坦及克什米尔地区及其周边 150 km 范围 1904—2021 年 6.5 级及以上的强震目录。

从图 2-1、图 2-2 和附表 1 中可以看出，巴基斯坦及克什米尔地区及其周边是强震多发地区。历史上曾多次发生 7 级以上甚至 8 级的强烈地震。区域内地震分布不均匀，存在着三个地震高发区域。

第一个地震高发区域位于兴都库什山脉、帕米尔高原至喜马拉雅山脉一带。该地区地震分布呈北西西-南东东方向。兴都库什-帕米尔地区地处印度板块和欧亚板块碰撞的西北端，是全球地震活动最活跃的地区之一，也是少有的大陆内部中深源地震活动地区，所属地震带一般被称为北碰撞边界地震带。该地震带内发生的地震多为震源深度 200 km 以上的深源地震。其中，最大的地震为 2005 年 10 月 8 日的克什米尔 7.6 级大地震。

第二个地震高发区域位于巴基斯坦中部的苏莱曼山脉向南到吉尔特尔山脉地区。该地区地震分布总体呈北东-南西方向，所属地震带一般被称为西碰撞边界地震带。该地震带主要受印度板块和欧亚板块的汇聚所控制，发生的最大地震为 2013 年 9 月 24 日的俾路支斯坦 7.8 级大地震。

　　第三个地震高发区域位于巴基斯坦南部沿海地带，所属地震带一般被称为莫克兰俯冲带地震带。该地震带东西走向，长度约 900 km，西部位于伊朗东南部，东部位于巴基斯坦南部。地震分布主要受阿拉伯板块向欧亚板块俯冲所控制，发生的最大地震为 1945 年 11 月 27 日的俾路支斯坦 8.1 级大地震。

　　巴基斯坦及克什米尔地区的大地震活跃地区大部分位于人烟稀少、经济不活跃的北部和西部山区，但是在白沙瓦-伊斯兰堡-拉合尔一线人口密集、经济活跃地区，也受到了大地震的威胁，未来在这些地区潜在地震风险会显著高于其他地区。类似情况在印度河下游平原木尔坦-海得拉巴地区，也具有不同程度的体现。

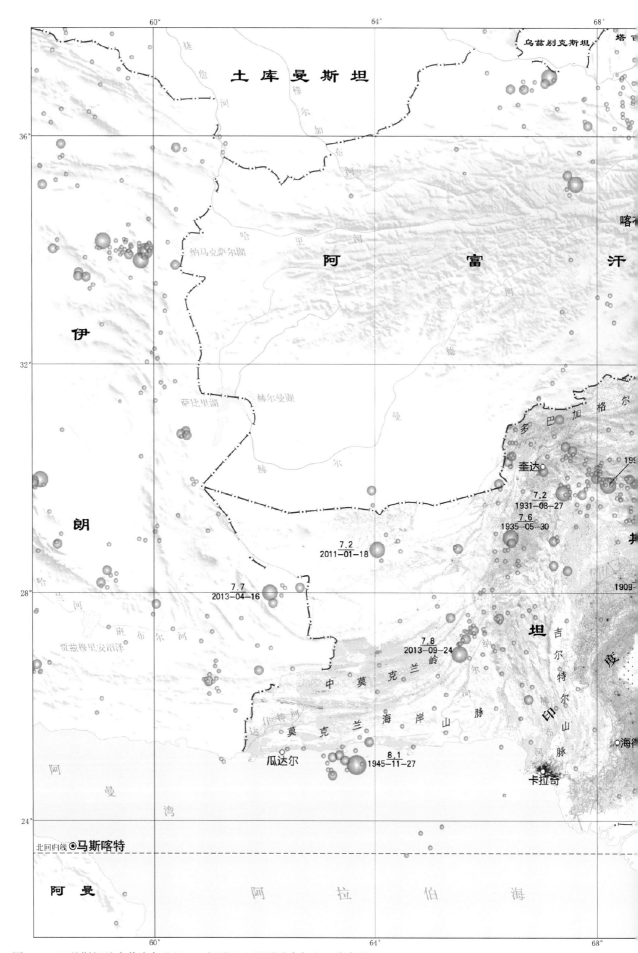

图 2-1　巴基斯坦及克什米尔地区 5.0 级及以上地震震中与人口分布图

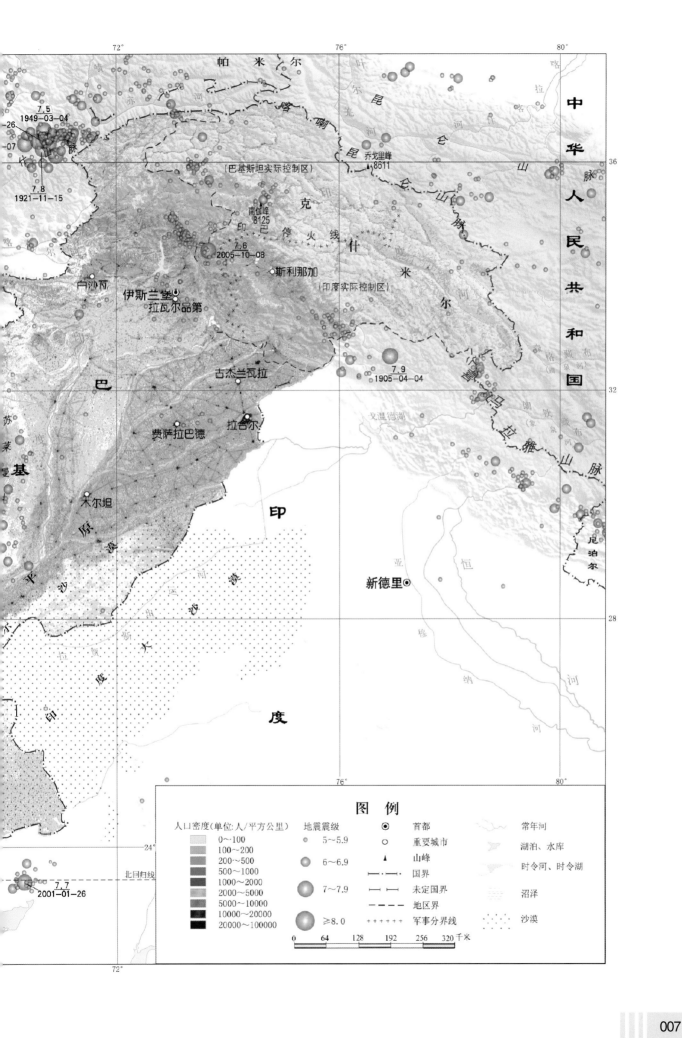

中华人民共和国

帕米尔

7.5
1949-03-04
-26
-07
7.8
1921-11-15

（巴基斯坦实际控制区）

乔戈里峰
8611
昆仑山脉

克

印 巴 停 火 线

南伽峰
8125

什

7.6
2005-10-08

斯利那加

米

（印度实际控制区）

尔

白沙瓦

伊斯兰堡
拉瓦尔品第

7.9
1905-04-04

古杰兰瓦拉

戈温德湖

喜
马

拉

拉合尔

费萨拉巴德

巴

基

雅

木尔坦

印

印
度
河
平
原

恒

斯

度

尼泊尔

坦

苏莱曼

新德里 ⊙

亚

穆

纳

沙
漠

河

7.7
2001-01-26

北回归线

图　例

人口密度（单位：人/平方公里）

| 0~100 |
| 100~200 |
| 200~500 |
| 500~1000 |
| 1000~2000 |
| 2000~5000 |
| 5000~10000 |
| 10000~20000 |
| 20000~100000 |

地震震级

· 5~5.9

○ 6~6.9

● 7~7.9

● ≥8.0

⊙ 首都

○ 重要城市

▲ 山峰

|-·-|-·- 国界

|—|— 未定国界

- - - - 地区界

+ + + + + 军事分界线

常年河

湖泊、水库

时令河、时令湖

沼泽

沙漠

0　64　128　192　256　320千米

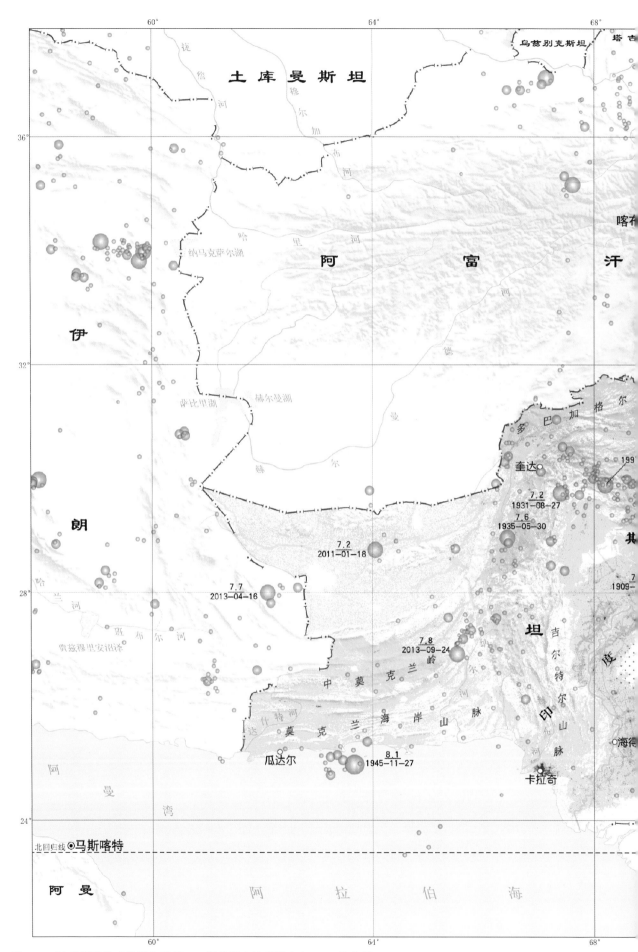

图 2-2　巴基斯坦及克什米尔地区 5.0 级及以上地震震中与 GDP 分布图

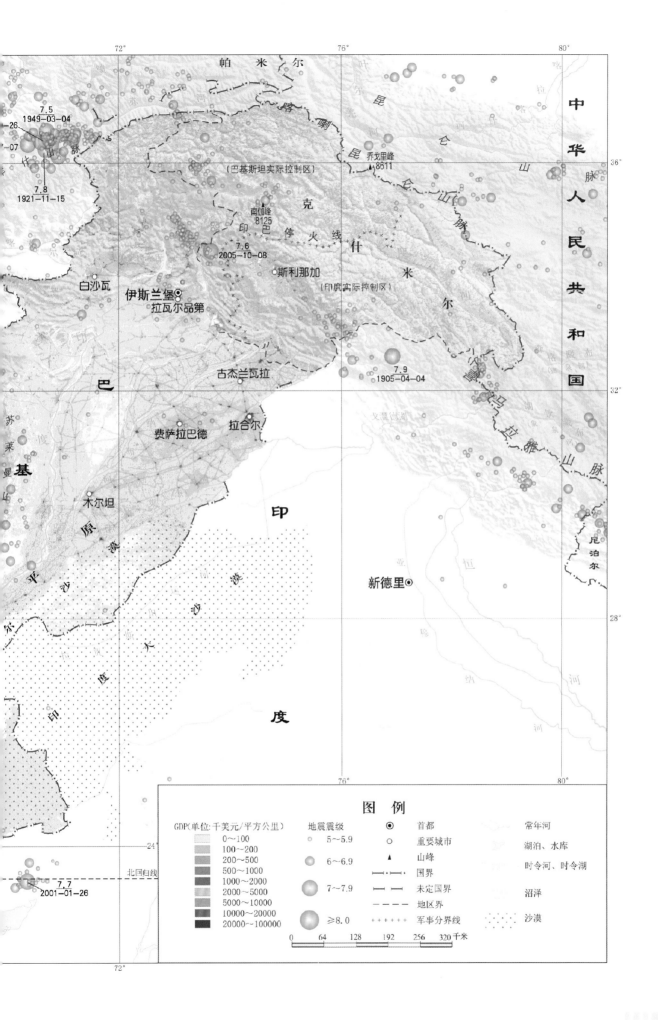

中华人民共和国

帕米尔

喀喇昆仑

昆

乔戈里峰
▲8611

（巴基斯坦实际控制区）

克

南迦峰
8125
印巴
停火线
什

7.6
2005-10-08

斯利那加

米

（印度实际控制区）

尔

喜马拉雅山脉

7.5
1949-03-04

7.8
1921-11-15

白沙瓦

伊斯兰堡
拉瓦尔品第

巴

古杰兰瓦拉

7.9
1905-04-04

戈登营湖

苏莱曼山

费萨拉巴德

拉合尔

尼泊尔

基

木尔坦

印

恒

原

塔尔沙漠

平

印度河

亚穆纳河

河

新德里◉

度

印

北国归线

7.7
2001-01-26

图　例

GDP(单位:千美元/平方公里)

	0~100
	100~200
	200~500
	500~1000
	1000~2000
	2000~5000
	5000~10000
	10000~20000
	20000~100000

地震震级

· 5~5.9

○ 6~6.9

● 7~7.9

⬤ ≥8.0

◉ 首都

○ 重要城市

▲ 山峰

国界

未定国界

地区界

军事分界线

常年河

湖泊、水库

时令河、时令湖

沼泽

沙漠

0　64　128　192　256　320 千米

009

第 3 章　大震灾害

巴基斯坦及克什米尔地区处于地震非常活跃的地区，历史上地震灾害严重。20 世纪以来，在这个面积与我国内蒙古相当的地区发生的破坏性地震就达到了 20 余次，总计造成了 15 万人以上死亡。其中，2005 年的克什米尔大地震造成了 8.6 万余人死亡，1935 年的奎达大地震造成了超过 4 万人死亡，是巴基斯坦 20 世纪以来灾害最严重的两次地震事件。

巴基斯坦及克什米尔地区 1900 年以来灾害损失较大的地震事件如下。

1. 1935 年奎达大地震

1935 年 5 月 30 日凌晨，巴基斯坦俾路支省（时为英属印度俾路支斯坦）奎达发生 7.6 级大地震。有报道的伤亡主要来自奎达市。据估计，地震造成了奎达市约 2 万人被埋压，约 4000 人受伤，奎达市与卡拉特市之间的村庄全毁，奎达市周边市镇的伤亡人数与奎达市相当。奎达大地震造成了当地基础设施的严重破坏；奎达市周边铁路被毁；除政府办公大楼外，所有奎达市的建筑被夷为平地。

2. 1945 年俾路支斯坦大地震

1945 年 11 月 27 日，巴基斯坦俾路支斯坦地区沿海城市帕斯尼海岸外 97.6 km 处发生 8.1 级大地震。地震在阿拉伯海和印度洋上造成了破坏性的海啸。在巴基斯坦的莫克兰海岸地区总计有超过 4000 人死于地震的直接破坏和次生海啸。

3. 2005 年克什米尔大地震

2005 年 10 月 8 日上午 8 点 50 分，克什米尔地区发生 7.6 级强烈地震。除巴基斯坦外，周边的阿富汗、塔吉克斯坦、印度和中国新疆等国家和地区均受到影响。巴基斯坦北部和克什米尔地区遭到严重破坏。地震造成超过 8.6 万人死亡，上百万人无家可归。穆扎法拉巴德市 70% 的城区被毁，震中巴拉考特镇 90% 的建筑物发生了严重破坏或倒塌。该地震被认为是南亚地区最严重的地震事件，造成的破坏超过了 1935 年的奎达大地震。

4. 2013 年俾路支斯坦地震

2013 年 9 月 24 日，巴基斯坦俾路支斯坦地区发生 7.8 级地震。4 天后的 2013 年 9 月 28 日再次发生 6.8 级的强余震。两次地震共造成至少 847 人死亡，700 余人受伤。

5. 2015 年兴都库什地震

2015 年 10 月 26 日，巴基斯坦西北阿富汗境内兴都库什山脉附近发生 7.5 级地震，震源深度 212.5 km，地震影响范围包括巴基斯坦、乌兹别克斯坦、土库曼斯坦、塔吉克斯坦、吉尔吉斯斯坦，印度新德里亦有感。地震造成至少 399 人死亡，大多数死亡发生在巴基斯坦境内。

巴基斯坦及克什米尔地区大震最大烈度等震线图（图 3-1）为 1900 年至今巴基斯坦及克什米尔地区对巴基斯坦影响较大的 7.0 级以上地震的烈度等震线叠加。图中因历史资料和图幅原因，将历史地震最大烈度Ⅷ度及以上地区合并显示。

从图中可以看出，巴基斯坦南部俾路支斯坦地区多次受到强震影响；北部兴都库什山脉附近地震影响也较频繁；首都伊斯兰堡地区受到的历史最大地震影响为 2005 年的克什米尔大地震，当地影响烈度为Ⅵ度；巴基斯坦东部印度河平原地区影响较少，是巴基斯坦相对历史地震烈度较低的地区。

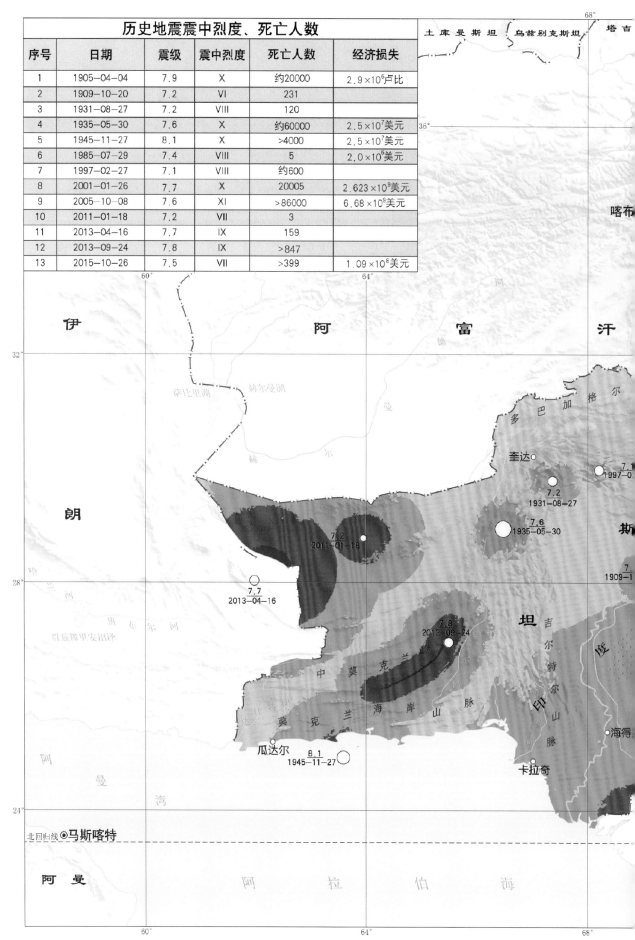

序号	日期	震级	震中烈度	死亡人数	经济损失
1	1905—04—04	7.9	X	约20000	$2.9×10^6$卢比
2	1909—10—20	7.2	VI	231	
3	1931—08—27	7.2	VIII	120	
4	1935—05—30	7.6	X	约60000	$2.5×10^7$美元
5	1945—11—27	8.1	X	>4000	$2.5×10^7$美元
6	1985—07—29	7.4	VIII	5	$2.0×10^6$美元
7	1997—02—27	7.1	VIII	约600	
8	2001—01—26	7.7	X	20005	$2.623×10^9$美元
9	2005—10—08	7.6	XI	>86000	$6.68×10^9$美元
10	2011—01—18	7.2	VII	3	
11	2013—04—16	7.7	IX	159	
12	2013—09—24	7.8	IX	>847	
13	2015—10—26	7.5	VII	>399	$1.09×10^8$美元

图 3-1 巴基斯坦及克什米尔地区大震最大烈度等震线图

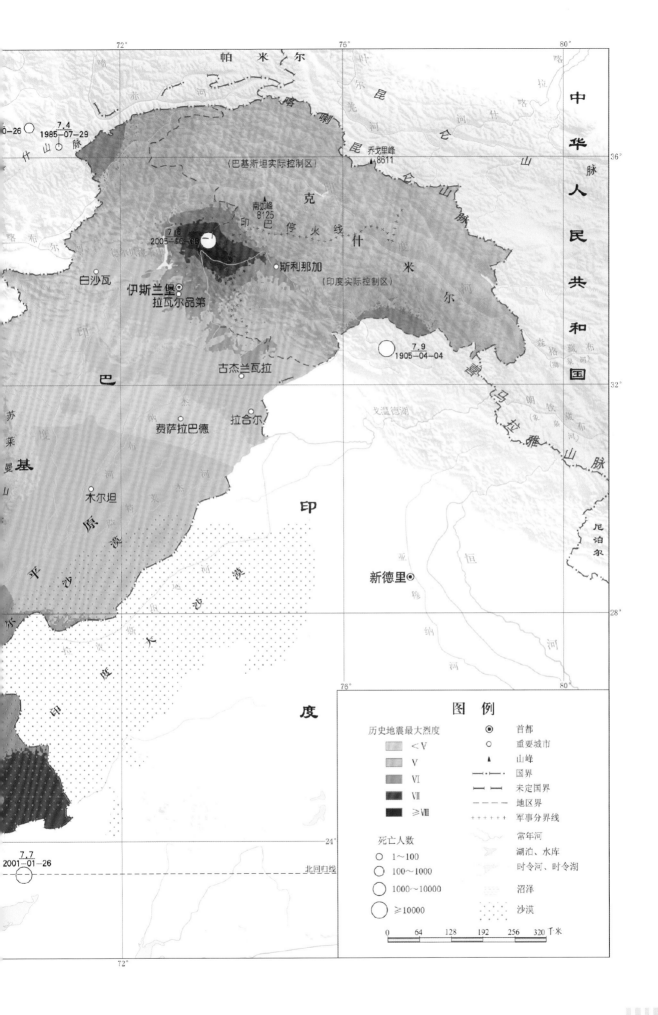

帕 米 尔

中 华 人 民 共 和 国

(巴基斯坦实际控制区)

乔戈里峰
▲8611

南咖峰
▲8125

7.6
2005-10-08

印 巴 停 火 线

克

什

米

尔

斯利那加

(印度实际控制区)

白沙瓦

伊斯兰堡
拉瓦尔品第

印

度

巴

古杰兰瓦拉

7.9
1905-04-04

喜

马

拉

雅

山

脉

尼泊尔

苏莱曼

基

木尔坦

费萨拉巴德

拉合尔

戈温德湖

恒

印

度

新德里◉

7.7
2001-01-26

北回归线

图 例

历史地震最大烈度

< V
V
VI
VII
≥ VIII

死亡人数

○ 1～100
○ 100～1000
○ 1000～10000
○ ≥10000

◉ 首都
○ 重要城市
▲ 山峰
国界
未定国界
地区界
++++++ 军事分界线
常年河
湖泊、水库
时令河、时令湖
沼泽
沙漠

0 64 128 192 256 320 千米

第 4 章　地质构造

1. 区域地质概况

巴基斯坦及克什米尔地区位于印度板块、欧亚板块和阿拉伯板块交汇部位。境内最主要的山脉是苏莱曼山脉，位于巴基斯坦中部；其次是喀喇昆仑山脉、喜马拉雅山脉和兴都库什山脉，汇聚于巴基斯坦西北部；东部为印度河平原，印度河流贯国境南北；东南部为大片沙漠。

巴基斯坦及克什米尔地区北部发育主边界逆断裂带（Main Boundary Thrust，MBT）、主地幔逆断裂带（Main Mantle Thrust，MMT）和印度河缝合带①（Indus Suture Zone，ISZ），该缝合带北侧属于欧亚板块。巴基斯坦南部发育查曼断裂带（Chaman Fault，CF），该断裂带东侧属于印度板块，西侧查盖到莫克兰地区称为阿富汗地块（图 4-1）。

2. 区域地层展布

巴基斯坦及克什米尔地区可划分为巴基斯坦西部地层区、印度河盆地地层区、印度地盾地层区和克什米尔地层区四个地层大区，不同时代的地层在不同区内有所不同。地层划分及命名参考《中国地层简表（2014）》（附表 3）。

最古老的地层为元古宇（距今约 25 亿~5.4 亿年）基底岩石，出露在印度地盾地层区，主要分布在巴基斯坦纳加尔地区。

---

① 缝合带：两个碰撞大陆衔接的地方，通常表现为宽度不大的高应变带，把两侧具有不同性质和演化历史的大陆边缘分开。

前寒武系—寒武系底界（距今约 5.4 亿年）零星出露在印度河盆地中。

古生界（距今约 5.4 亿~2.5 亿年）分布比较广泛，在巴基斯坦几乎所有的盆地中都或多或少有所出露，主要分布在上印度河盆地地层区，为滨海-浅海相沉积。

中生界（距今约 2.5 亿~0.66 亿年）在巴基斯坦境内多数地区均有出露，包括莫克兰盆地、印度河平原、印度地盾和几乎所有的盆地。无论是在同一流域内，还是在不同流域间，岩性变化非常大。在巴基斯坦南部发育沉积岩，而在其北部则出现各类变质岩和火成岩。

新生界（距今约 0.66 亿年至今）主要分布于巴基斯坦中南部，地层的厚度和岩性不一。巴基斯坦的新生代是一个造山期和海退期，导致了大量陆相沉积物的堆积。

3. 区域构造演化

巴基斯坦及克什米尔地区处于特提斯-喜马拉雅构造域，经历了长期复杂的演变和多次的裂解、汇聚、增生的过程，是研究特提斯洋形成、发展、消亡的典型地区。

侏罗纪初（距今约 2 亿年），潘吉亚超大陆全面裂解，形成新特提斯洋，印度板块向北漂移，造成新特提斯洋向北消减。

白垩纪末（距今约 0.7 亿年），阿拉伯板块沿土耳其-阿富汗板块南缘向北运动，推动新特提斯洋继续消减，在巴基斯坦东北部形成了岛弧带。

古新世初（距今约 0.65 亿年），新特提斯洋主体洋盆闭合，造成印度与欧亚大陆碰撞，形成大型缝合带，从土耳其西部的塞浦路斯向东到比特利斯，沿伊朗的扎格罗斯向东南方向入阿曼湾，在洋底以莫克兰海沟的形式出现，然后在巴基斯坦登陆。

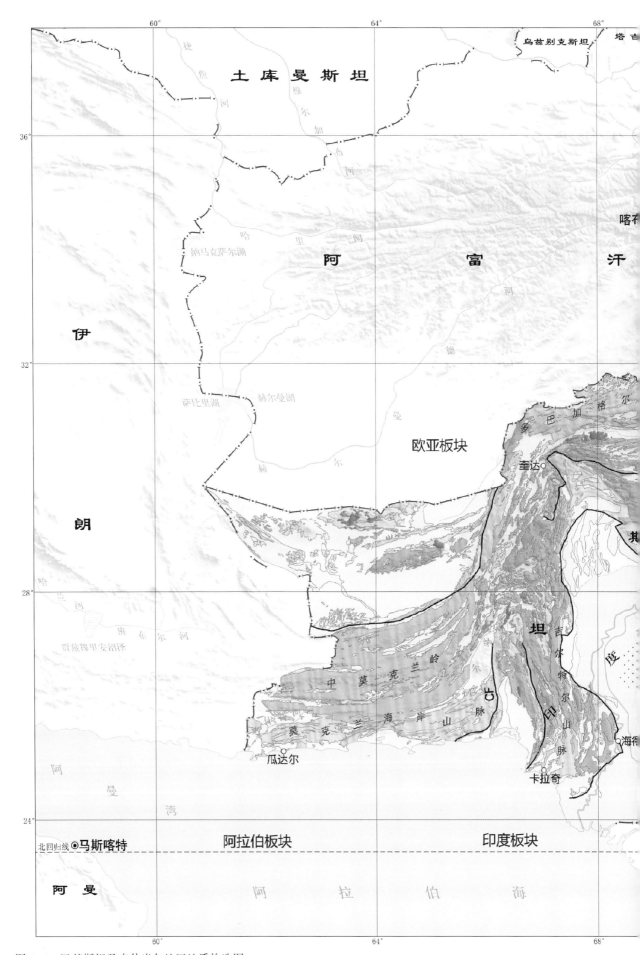

图 4-1　巴基斯坦及克什米尔地区地质构造图

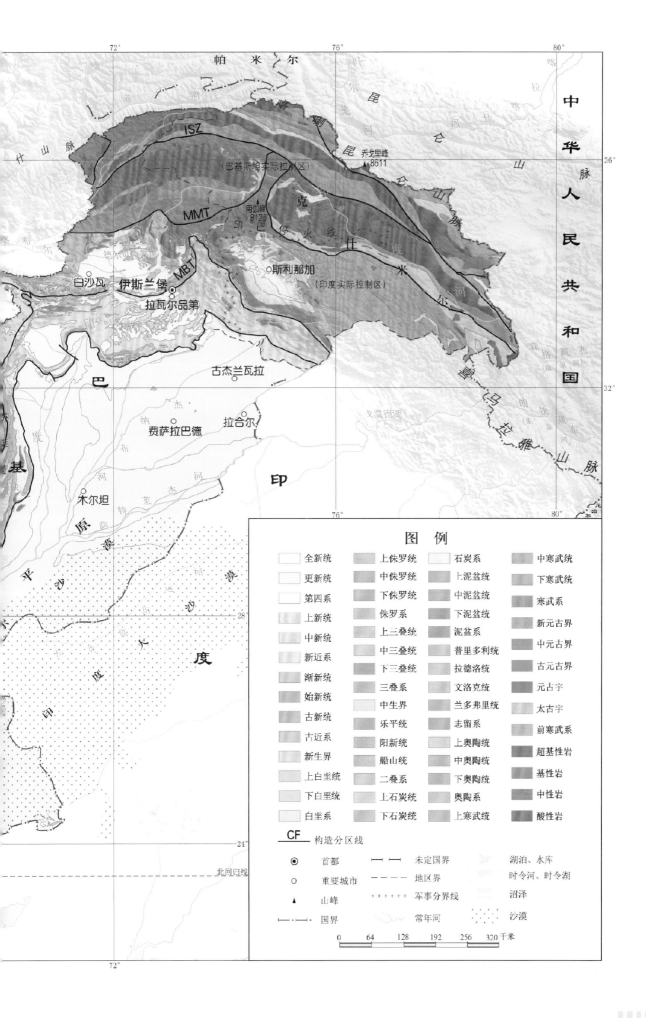

图 例

全新统	上侏罗统	石炭系	中寒武统
更新统	中侏罗统	上泥盆统	下寒武统
第四系	下侏罗统	中泥盆统	寒武系
上新统	侏罗系	下泥盆统	新元古界
中新统	上三叠统	泥盆系	中元古界
新近系	中三叠统	普里多利统	古元古界
渐新统	下三叠统	拉德洛统	元古宇
始新统	三叠系	文洛克统	太古宇
古新统	中生界	兰多弗里统	前寒武系
古近系	乐平统	志留系	超基性岩
新生界	阳新统	上奥陶统	基性岩
上白垩统	船山统	中奥陶统	中性岩
下白垩统	二叠系	下奥陶统	酸性岩
白垩系	上石炭统	奥陶系	
	下石炭统	上寒武统	

CF —— 构造分区线

◉ 首都　　　—— —— 未定国界　　　湖泊、水库

○ 重要城市　　- - - 地区界　　　时令河、时令湖

▲ 山峰　　　+ + + + + 军事分界线　　沼泽

—·—·— 国界　　　常年河　　　沙漠

0　　64　　128　　192　　256　　320 千米

第5章　地震构造

　　巴基斯坦及克什米尔地区位于印度、欧亚和阿拉伯三大板块的交汇部位，其中印度和欧亚板块的碰撞汇聚边界呈近南北向贯穿巴基斯坦全境。区内活动断裂发育、强震频发，主要地震构造均分布在板块边界附近，包括主喀喇昆仑逆断裂带（Main Karakoram Thrust，MKT）、喀喇昆仑断裂带（Karakoram Fault，KF）、主地幔逆断裂带（Main Mantle Thrust，MMT）、主边界逆断裂带（Main Boundary Thrust，MBT）、主前缘逆断裂带（Main Frontal Thrust，MFT）、查曼断裂带（Chaman Fault，CF）和莫克兰海岸断裂带（Makran Coastal Fault，MCF）等。

　　巴基斯坦及克什米尔地区整体上处于全球第二大地震带——欧亚地震带（又被称为"阿尔卑斯–喜马拉雅地震带"）之内，该地震带横跨了亚、欧、非三大洲，全长超过两万千米，释放的能量约占全球地震释放总能量的 15%。根据历史地震震中分布、震级等相关参数和活动断裂等地质资料，区内主要划分为北部喀喇昆仑–兴都库什地震区、中南部查曼地震区和南部莫克兰地震区。

　　（1）北部的喀喇昆仑–兴都库什地震区，亦称北碰撞边界地震带，是地震最为活跃的区段，由北向南区内主要发育 MKT、KF、MMT、MBT 和 MFT 等活动断裂。MKT 总体以东西向展布穿过巴基斯坦的北部，在区内断裂带呈现向北凸出的形态，并将北部（上盘）的中–高级变质岩向南逆冲至地表，现今在断裂带的两侧并未发现运动速率的明显差异。KF 是青藏高原与帕米尔之间的分界断裂，自中国西藏、新疆向西北延伸至巴基斯坦东北部，全长上千千米，是一条巨型的右旋走滑活动断裂，全新世（距今约 1.2 万年）以来该断裂北段的右旋走滑速率约为 3.7 mm/年，垂向滑移速率约为 1.7 mm/年。MMT 是北部一条地壳尺度的北倾逆断裂带，断裂带以北（上盘）发育宽约 1 km 的剪切变质带，以南（下盘）是古老的基底杂岩和上覆的角闪岩–绿片岩相变质沉积岩，同时区内大多数基性岩和超基性岩沿该断裂带分布。MBT 自中新世（距今约 2300 万年）启动，滑动速率约为 10 mm/年，喜马拉雅变质沉积岩沿 MBT 向南逆冲于前陆盆地之上。MBT 也是 2005 年克什米尔 7.6 级地震的发震构造。MFT 是喜马拉雅构造带向南逆冲的最前锋，深部沿前寒武–寒武系下段膏岩层滑脱面向南逆冲，其缩短速率可能占印度与欧亚板块汇聚速率的 20%~30%。

（2）中南部查曼地震区，亦称西碰撞边界地震带，是区内中南部地震活动较为集中的地区，处于南部阿拉伯板块、西部欧亚板块和东部印度板块的交界部位，吸收了印度和欧亚板块之间累积运动的 25%~33%。查曼断裂带（CF）是一分割西侧欧亚板块和东侧印度板块的大型左旋走滑断裂系，近南北向展布，蜿蜒近千千米，由多条走向和运动学性质一致的断裂构成。该断裂带是 1935 年 5 月 30 日奎达 7.6 级地震和 2013 年 9 月 24 日俾路支斯坦 7.8 级地震的发震构造。

（3）南部莫克兰地震区，亦称莫克兰俯冲地震带，位于巴基斯坦南部沿海地区。区内南部阿拉伯板块以 38 mm/年的速率向北低角度俯冲于欧亚板块之下，形成了宽约 400 km 的现今世界上最大的海底增生楔。自中更新世（距今约 77 万年）以来，伴随海岸线的迁移，沿海地区持续约以 1.5 mm/年的速度隆升。位于海下的莫克兰沿海断裂（MCF）是莫克兰地震区的主要活动构造之一，受到该断裂带的控制，1945 年 11 月 27 日俾路支斯坦发生了 8.1 级地震，并在阿拉伯海北部引发了海啸。

巴基斯坦及克什米尔地区地震构造图见图 5-1。

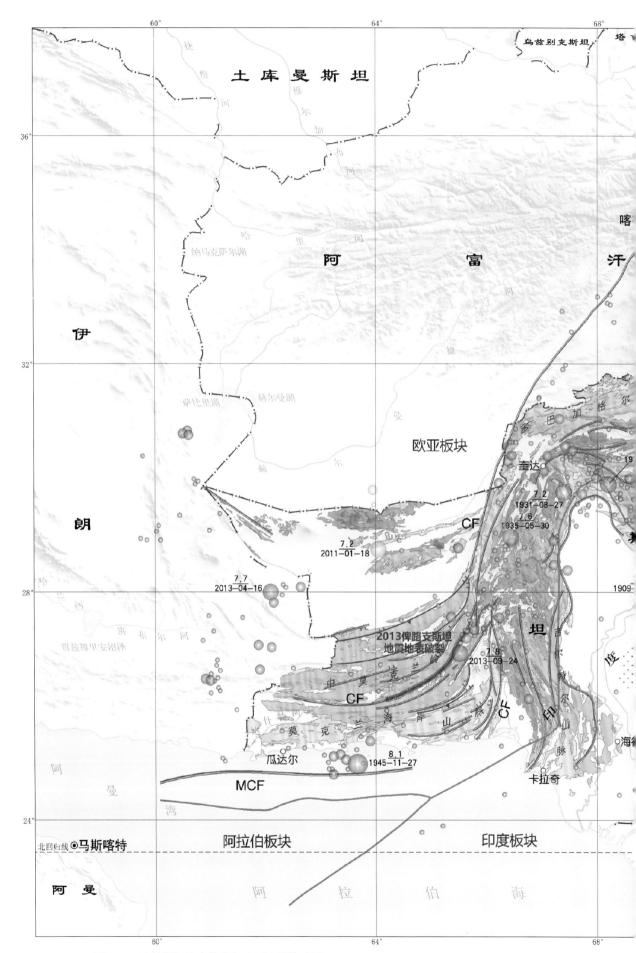

图 5-1 巴基斯坦及克什米尔地区地震构造图

巴基斯坦及克什米尔地区地震构造图比例尺为1:6 400 000,第四纪断裂数据主要来源于Mohadjer等(2016)的中亚断裂带数
分为地震地表破裂带、全新世活动断裂、晚更新世活动断裂和第四纪断裂4类(其中将具体活动时间不明确的划分到第四纪

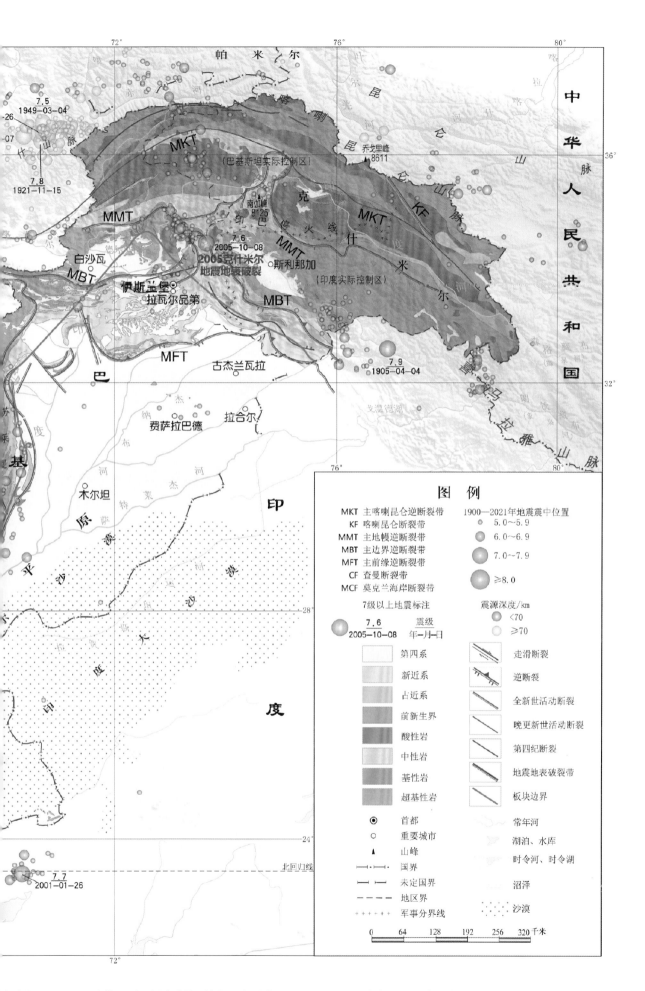

图 例

MKT 主喀喇昆仑逆断裂带
KF 喀喇昆仑断裂带
MMT 主地幔逆断裂带
MBT 主边界逆断裂带
MFT 主前缘逆断裂带
CF 查曼断裂带
MCF 莫克兰海岸断裂带

1900—2021年地震震中位置
○ 5.0～5.9
○ 6.0～6.9
○ 7.0～7.9
○ ≥8.0

7级以上地震标注

○ 7.6
　2005-10-08
　震级
　年-月-日

震源深度/km
○ <70
○ ≥70

第四系
新近系
占近系
前新生界
酸性岩
中性岩
基性岩
超基性岩

走滑断裂
逆断裂
全新世活动断裂
晚更新世活动断裂
第四纪断裂
地震地表破裂带
板块边界

◉ 首都
○ 重要城市
▲ 山峰
国界
未定国界
地区界
军事分界线

常年河
湖泊、水库
时令河、时令湖
沼泽
沙漠

0　64　128　192　256　320 千米

据库的基础上，对区内第四纪断裂进行合并和简化，同时收集、整理和补充最新研究成果。图内断裂带按照活动时代，划
地层信息来自中国地质调查局西安地质调查中心编制的《苏莱曼山-喀喇昆仑山大地构造图（1:100 万）》。

本章以不同超越概率水平的地震动峰值加速度为指标，给出了Ⅱ类场地条件下的巴基斯坦及克什米尔地区地震危险性分区图（图6-1至图6-4）。分区原则与《中国地震动参数区划图》（GB 18306—2015）Ⅱ类场地条件下地震动峰值加速度分区原则一致。在50年2%和100年1%的超越概率水平下，相比于《中国地震动参数区划图》（GB 18306—2015）将0.40 g 分区范围设定为0.38 g~0.56 g，同时增加了0.60 g（0.56 g~0.76 g）和≥0.80 g（≥0.76 g）两个分区（表6-1）。本章中的地震危险性结果，仅作为地震灾害风险识别评估使用，不能直接用于建设工程抗震设防。50年超越概率10%的危险性结果可与《中国地震动参数区划图》（GB 18306—2015）附录 A.1 对照参考使用。

表6-1　地震动峰值加速度（单位：g）分挡范围

峰值加速度分挡代表值	<0.05	0.05	0.10	0.15	0.20	0.30	0.40	0.60	≥0.80
峰值加速度范围/g	<0.04	0.04~0.09	0.09~0.14	0.14~0.19	0.19~0.28	0.28~0.38	0.38~0.56	0.56~0.76	≥0.76

图中给出的是Ⅱ类场地地震动峰值加速度分区图，按照《中国地震动参数区划图》（GB 18306—2015）中定义的其他类别场地地震动峰值加速度，需要根据表6-2中的系数调整得到。这个原则与《中国地震动参数区划图》（GB 18306—2015）相关规定是一致的。

表6-2　场地地震动峰值加速度调整参数表

Ⅱ类场地地震动峰值加速度	场地类别				
	I$_0$	I$_1$	Ⅱ	Ⅲ	Ⅳ
≤0.05 g	0.72	0.80	1.00	1.30	1.25
0.10 g	0.74	0.82	1.00	1.25	1.20

续表

Ⅱ类场地地震动峰值 加速度	场地类别				
	Ⅰ_Ⅱ	Ⅰ_Ⅰ	Ⅱ	Ⅲ	Ⅳ
0.15 g	0.75	0.83	1.00	1.15	1.10
0.20 g	0.76	0.85	1.00	1.00	1.00
0.30 g	0.85	0.95	1.00	1.00	0.95
≥0.40 g	0.90	1.00	1.00	1.00	0.90

50 年 63% 的超越概率水平下（相当于重现期约 50 年）巴基斯坦及克什米尔地区地震动峰值加速度大多在 0.10 g（相当于烈度Ⅶ度）及以下，只有北部兴都库什山区和俾路支省小部分地区的地震动峰值加速度达到了 0.15 g（相当于烈度Ⅶ度半）。

50 年 10% 的超越概率水平下（相当于重现期约 500 年）巴基斯坦及克什米尔地区地震动峰值加速度大多达到了 0.20 g（相当于烈度Ⅷ度）及以上，北部兴都库什山区和俾路支南部大面积的地区达到了 0.40 g（相当于烈度Ⅸ度），仅有东部印度河平原小部分地区的平均场地地震动峰值加速度在 0.15 g 及以下（相当于烈度Ⅶ度半及以下）。

50 年 2% 的超越概率水平下（相当于重现期约 2500 年）巴基斯坦及克什米尔地区地震动峰值加速度在绝大多数地区均达到了 0.30 g（相当于烈度Ⅷ度半）及以上，中部的俾路支山区和兴都库什山区基本位于 0.40 g 及以上（相当于烈度Ⅸ度及以上）。

在 100 年 1% 的超越概率水平下（相当于重现期约 10000 年）巴基斯坦俾路支山区及兴都库什山区的绝大部分地区的地震动峰值加速度均达到了 0.80 g 以上（相当于Ⅹ度以上）。

总体上看，巴基斯坦及克什米尔地区的地震危险性在整体上显著高于我国，且西部地区的地震危险性高于东部地区。具体而言，巴基斯坦西部俾路支省地震危险性极高，南部沿海地区和北部伊斯兰堡地区地震危险性较高，东部费萨拉巴德地区地震危险性相对较低。

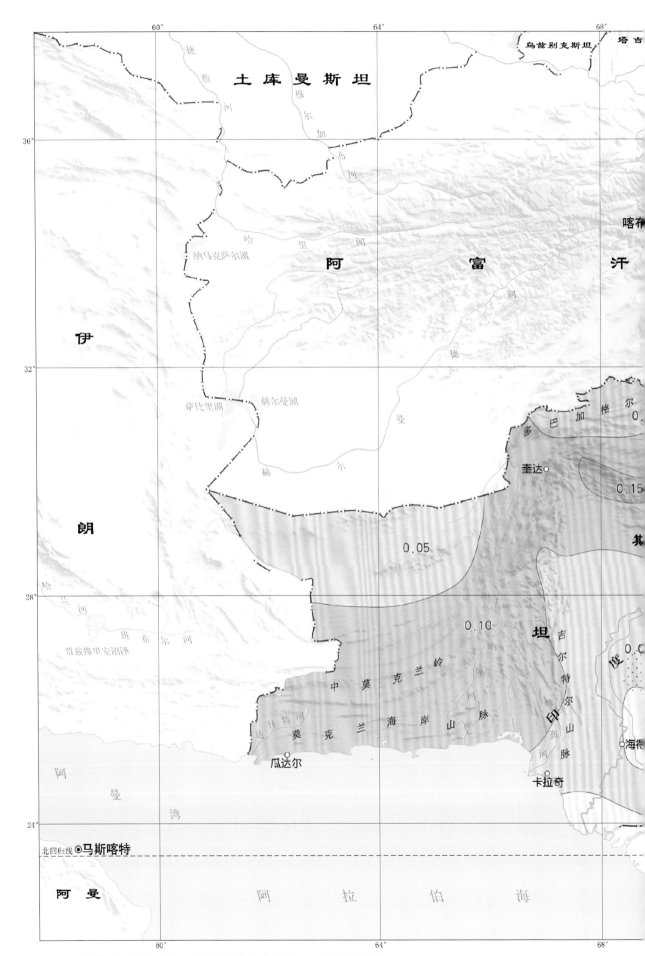

图 6-1　巴基斯坦及克什米尔地区地震动峰值加速度图（50 年超越概率 63%）

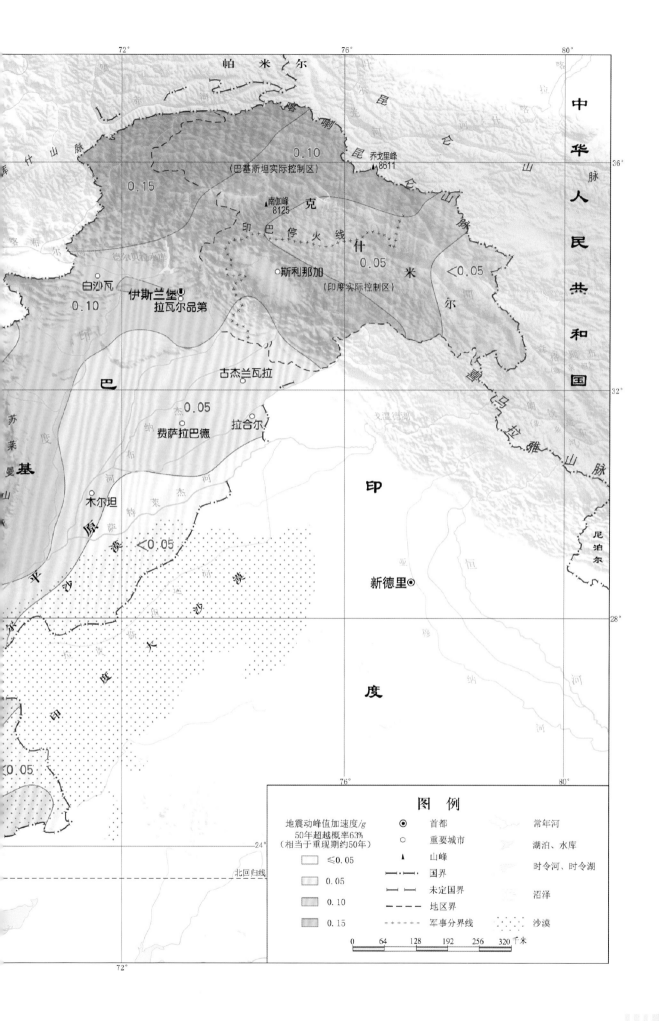

中华人民共和国

帕 米 尔

乔戈里峰
▲8611

0.10
（巴基斯坦实际控制区）

0.15

南伽峰
▲8125

克

印 巴 停 火 线

什

斯利那加○

0.05

米

＜0.05

（印度实际控制区）

尔

喜 马 拉 雅 山 脉

白沙瓦
0.10

伊斯兰堡♀
拉瓦尔品第

巴

古杰兰瓦拉

0.05

费萨拉巴德○
拉合尔○

尼泊尔

印

木尔坦○

原

＜0.05

新德里◉

度

＜0.05

北回归线

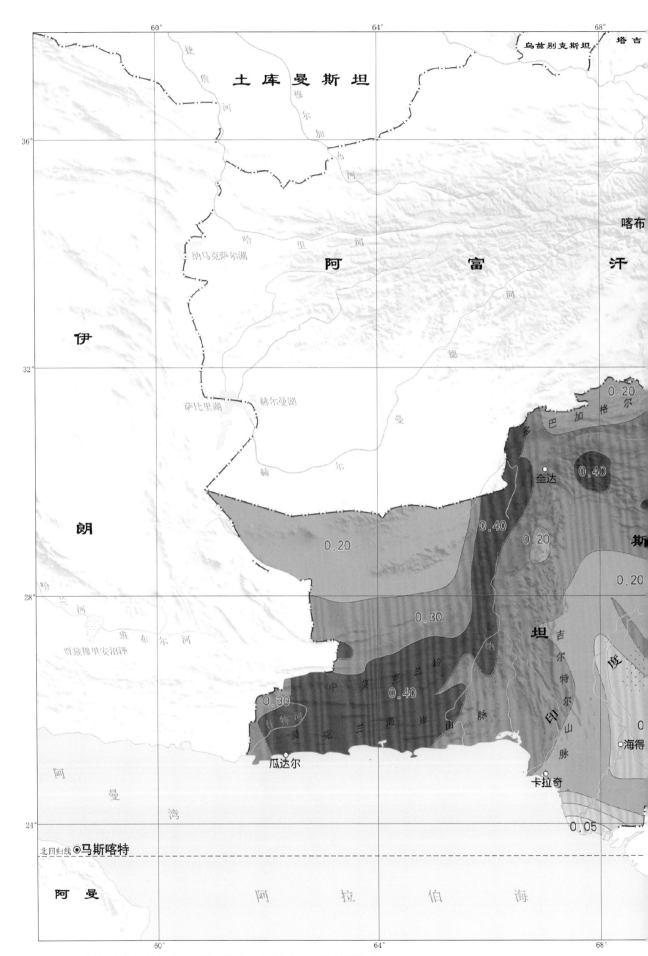

图 6-2　巴基斯坦及克什米尔地区地震动峰值加速度图（50 年超预概率 10%）

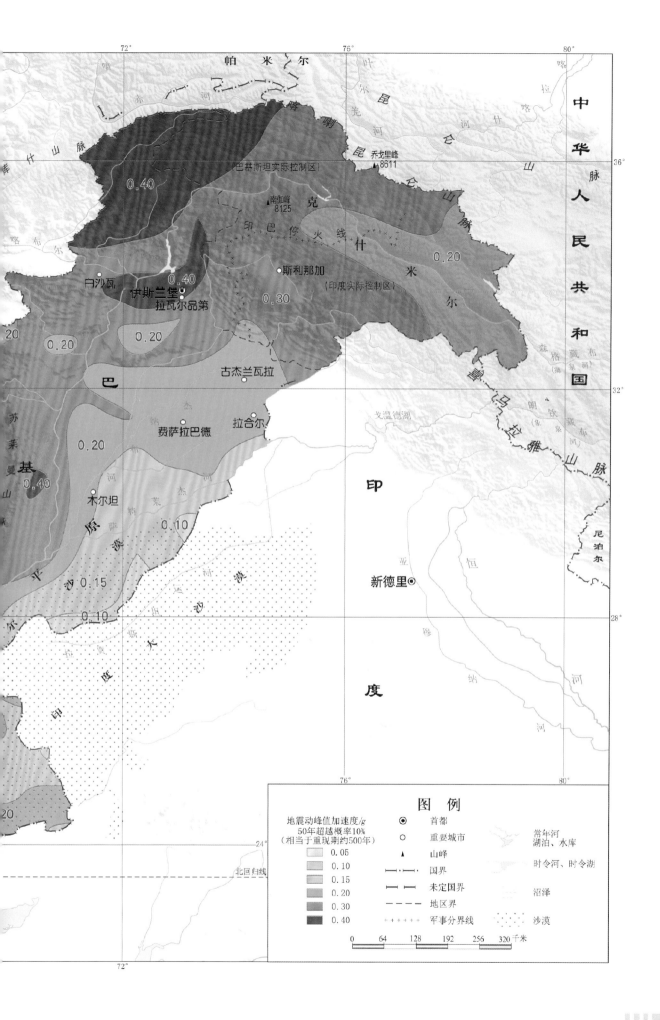

中华人民共和国

帕米尔

喀布尔

（巴基斯坦实际控制区）

乔戈里峰
8611

南伽峰
8125

印巴停火线

克什米尔

斯利那加
（印度实际控制区）

白沙瓦

伊斯兰堡

拉瓦尔品第

0.40

0.40

0.30

0.20

古杰兰瓦拉

0.20

0.20

戈温德湖

拉合尔

费萨拉巴德

纳杰

巴基斯坦

0.20

0.40

喜马拉雅山脉

印

尼泊尔

木尔坦

0.10

0.15

新德里

度

恒

0.20

0.10

大

印

沙

漠

北回归线

图 例

地震动峰值加速度/g
50年超越概率10%
（相当于重现期约500年）

⊙ 首都

○ 重要城市

▲ 山峰

┣━┫ 国界

┣━━┫ 未定国界

━ ━ ━ 地区界

+ + + + + 军事分界线

常年河
湖泊、水库

时令河、时令湖

沼泽

沙漠

0.05
0.10
0.15
0.20
0.30
0.40

0   64   128   192   256   320 千米

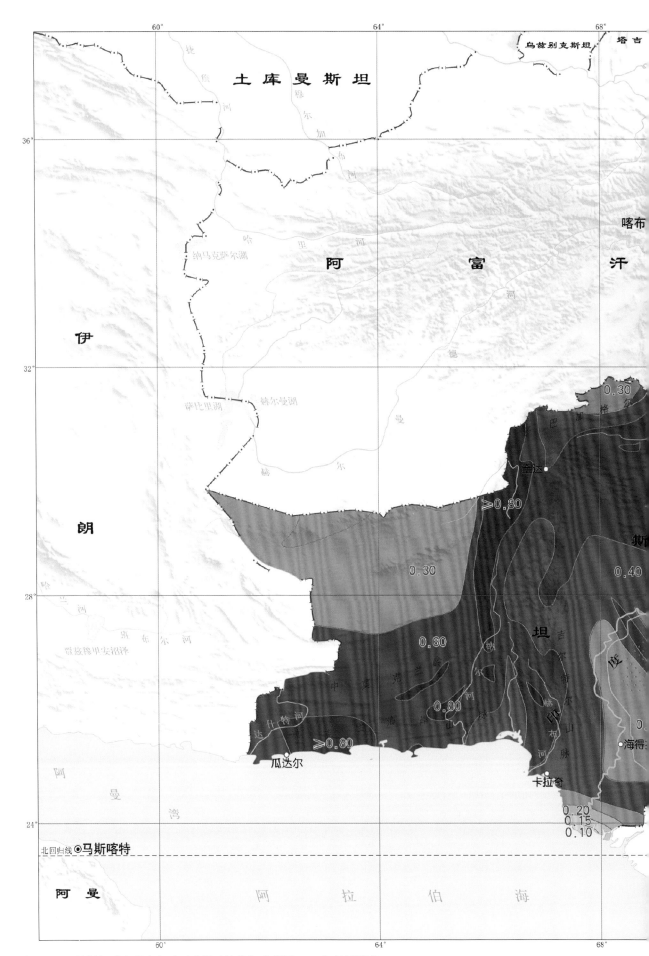

图6-3　巴基斯坦及克什米尔地区地震动峰值加速度图（50年超越概率2%）

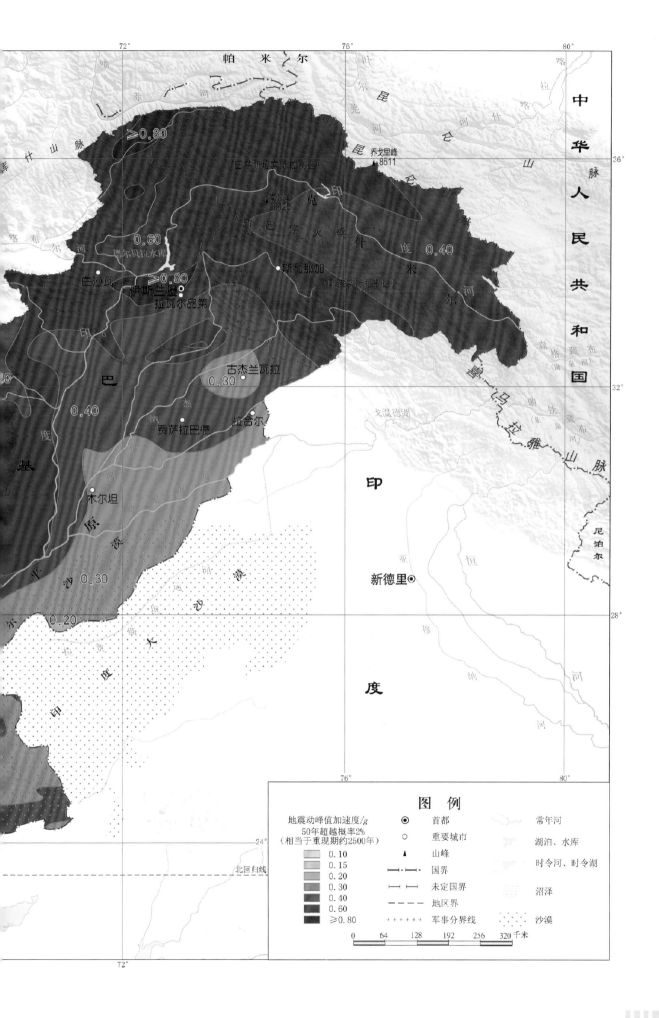

中华人民共和国

帕米尔

乔戈里峰
8611

0.40

0.60

≥0.80

古杰兰瓦拉
0.30

0.40

新德里⊙

木尔坦

0.30

0.20

北回归线

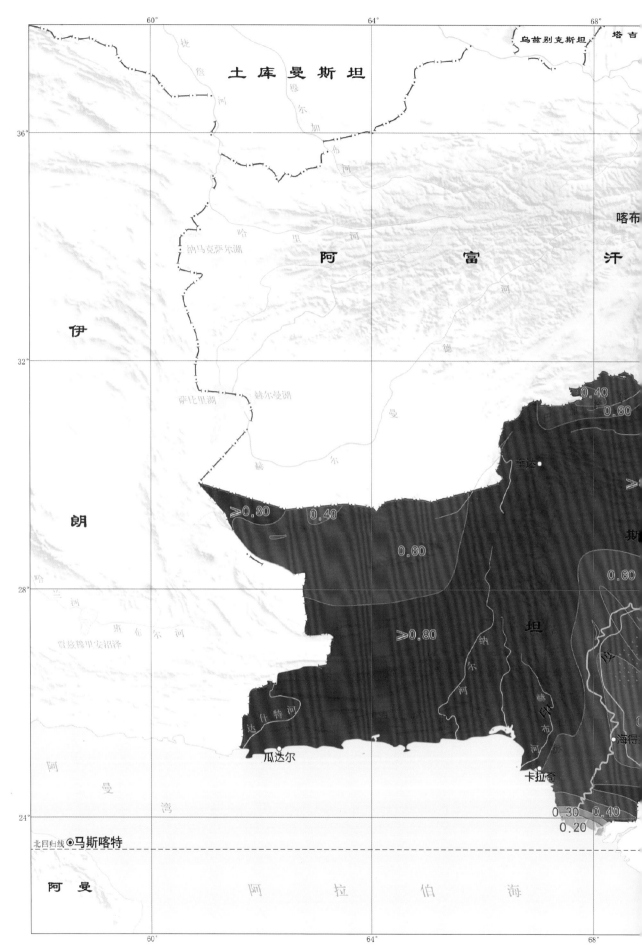

图 6-4　巴基斯坦及克什米尔地区地震动峰值加速度图（100 年超越概率 1%）

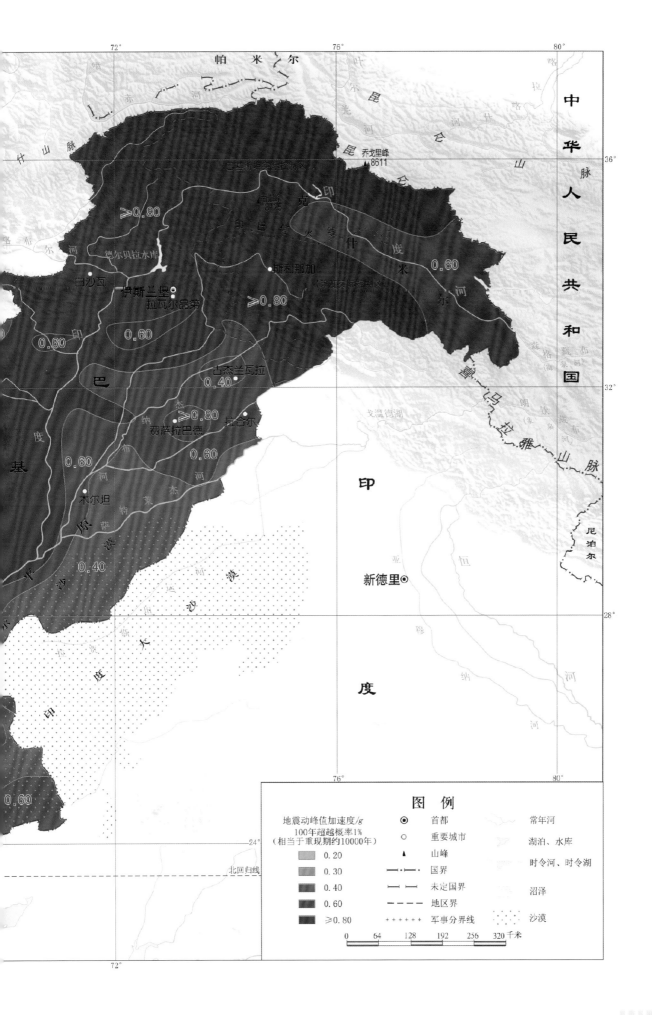

图 例

地震动峰值加速度/g
100年超越概率1%
（相当于重现期约10000年）

| 0.20 |
| 0.30 |
| 0.40 |
| 0.60 |
| ≥0.80 |

◉ 首都
○ 重要城市
▲ 山峰
·—·—· 国界
—··—·· 未定国界
———— 地区界
+++++ 军事分界线

—— 常年河
湖泊、水库
时令河、时令湖
沼泽
沙漠

0　64　128　192　256　320千米

第 7 章　抗震设防标准

在 1986 版建筑抗震标准颁布近 20 年后，巴基斯坦对其进行了广泛的修订，颁布了 2007 版建筑抗震标准（Seismic Provisions-2007）。2007 版标准的条款直接依据或借鉴了美国的一系列建筑抗震设计标准，包括 Uniform Building Code 1997，American Concrete Institute ACI 318-05，American Institute of Steel Construction ANSI/AISC 341-05，American Society of Civil Engineers SEI/ASCE 7-05 and ANSI/ASCE 7-93 等，涉及抗震分区、场地、土与地基、结构设计、结构试验、非结构构件等丰富的内容。整体上，现行标准采用了比较先进的设计理念，并吸纳了较新的设计方法。

巴基斯坦将其国土内区域分为不同类型的抗震分区（Seismic Zone），类似于我国的烈度区，包括 1、2A、2B、3、4 共 5 类，由第 1 分区到第 4 分区，地震危险性逐级升高，各个分区 50 年超越概率 10%（重现期 475 年）地面水平峰值加速度详见表 7-1。巴基斯坦各个行政区域对应的抗震分区类型详见附表 2。

表 7-1　抗震分区标准

抗震分区类型	地面水平峰值加速度/g
1	0.05~0.08
2A	0.08~0.16
2B	0.16~0.24
3	0.24~0.32
4	>0.32

尽管 2007 版建筑抗震标准未直接给出设计反应谱，但根据该规范给出的设计要求，可以推出用于确定结构设计基底剪力的设计反应谱，如图 7-1 所示。该反应谱由三部分构成，即两条水平线和一条下降的曲线。下降曲线部分由式（7-1）确定，第一个平台的纵坐标数值由式（7-2）确定，第二个平台的纵坐标数值由式（7-3）、式（7-4）确定。

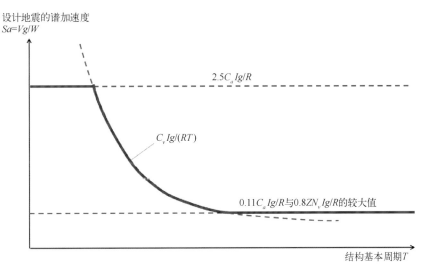

图 7-1　设计反应谱（50 年超越概率 10%）

建筑设计基底总剪力可由下式确定：

$$V = \frac{C_v IW}{RT} \quad\quad\quad (7-1)$$

同时，设计基底总剪力不大于下式：

$$V = \frac{2.5C_a IW}{R} \quad\quad\quad (7-2)$$

设计基底总剪力不小于下式：

$$V = 0.11C_a IW \quad\quad\quad (7-3)$$

同时，位于抗震分区 4 的建筑，设计基底总剪力同时需不小于下式：

$$V = \frac{0.8ZN_v IW}{R} \quad\quad\quad (7-4)$$

式中，W 为地震恒载，包含全部恒载以及其他荷载的有效部分；I 为重要性系数，取值与建筑的使用功能以及建筑破坏后产生的影响有关，一般建筑取 1.0，重要设施以及破坏后引发严重后果的建筑取 1.25；Z 为地震区域系数，根据抗震分区类型进行取值，参见表 7-2；C_a 为地震系数，与土剖面类型、地震区域系数 Z 有关，参见表 7-3；C_v 为地震系数，根据表 7-4 取值；N_v 为震源距系数，其取值参见表 7-6；R 为与结构延性相关的强度折减系数。

表 7-2　地震区域系数 Z

抗震分区类型	1	2A	2B	3	4
Z	0.075	0.15	0.20	0.30	0.40

表 7-3　地震系数 C_a 取值

| 土剖面类型 | 地震区域系数 Z | | | | |
	$Z = 0.075$	$Z = 0.15$	$Z = 0.20$	$Z = 0.30$	$Z = 0.40$
S_A	0.06	0.12	0.16	0.24	$0.32N_a$
S_B	0.08	0.15	0.20	0.30	$0.40N_a$
S_C	0.09	0.18	0.24	0.33	$0.40N_a$
S_D	0.12	0.22	0.28	0.36	$0.44N_a$
S_E	0.19	0.30	0.34	0.36	$0.36N_a$
S_F	需进行专门调查与分析				

N_a 为震源距系数，其取值参见表 7-5。

表 7-4　地震系数 C_v 取值

| 土剖面类型 | 地震区域系数 Z | | | | |
	$Z = 0.075$	$Z = 0.15$	$Z = 0.20$	$Z = 0.30$	$Z = 0.40$
S_A	0.06	0.12	0.16	0.24	$0.32N_v$
S_B	0.08	0.15	0.20	0.30	$0.40N_v$
S_C	0.13	0.25	0.32	0.45	$0.56N_v$
S_D	0.18	0.32	0.40	0.54	$0.64N_v$
S_E	0.26	0.50	0.64	0.84	$0.96N_v$
S_F	需进行专门调查与分析				

表 7-5　震源距系数 N_a

| 震源类型
（见表 7-7） | 到已知震源的最短距离 | | |
	< 2 km	5 km	> 10 km
A	1.5	1.2	1.0
B	1.3	1.0	1.0
C	1.0	1.0	1.0

表7-6 震源距系数 N_v

震源类型 （见表7-7）	到已知震源的最短距离			
	< 2 km	5 km	10 km	> 15 km
A	2.0	1.6	1.2	1.0
B	1.6	1.2	1.0	1.0
C	1.0	1.0	1.0	1.0

　　建筑的设计地震作用由其所在的地震分区（危险性）、土层特性、震中距以及结构的重要程度、延性等因素综合确定。为进一步说明巴基斯坦抗震设防标准情况，以我国Ⅵ、Ⅶ、Ⅷ度区（特征周期0.4 s）对应的50年超越概率10%（中震）的设计加速度反应谱为参照，分别给出巴基斯坦普通钢筋混凝土框架（结构延性一般，取强度折减系数 $R=3.5$）B类土（岩石）与E类土（软土）对应的50年超越概率10%的设计加速度反应谱，如图7-2和图7-3所示。可见，我国规范的特征周期与设防烈度（地震动峰值加速度）之间不体现明显的相关性，特征周期值由抗震分组、场地类别确定，且在计算罕遇地震作用时应增加0.05 s，而巴基斯坦规范反应谱的平台段随着设防水准的提高（分区由1到4）不断延长。我国规范规定的特征周期在0.20 s与0.95 s之间，而巴基斯坦规范的特征周期在0.4 s以上，特别是分区4、E类土对应的特征周期会超过1.0 s。总体上，巴基斯坦各个分区的反应谱第一个平台段的谱值明显低于我国Ⅷ度区对应的反应谱平台段谱值。

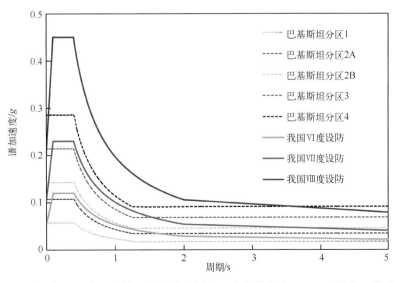

图7-2 我国与巴基斯坦设计反应谱对比图［50年超越概率10%，B类土（岩石）］

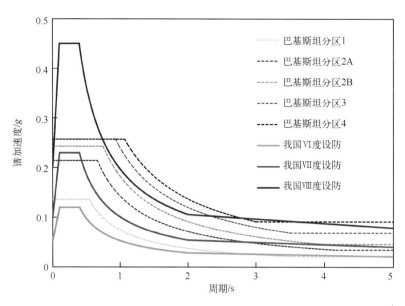

图 7-3 我国与巴基斯坦设计反应谱对比图［50 年超越概率 10%，E 类土（软土）］

表 7-7 震源类型定义

震源类型	震源描述	地震定义	
		最大矩震级 M_W	滑移率 $SR/$（mm/a）
A	具备引发大地震条件且活跃的断层	> 7.0	$SR > 5$
B	A 与 C 以外的全部断层	> 7.0	$SR < 5$
		< 7.0	$SR > 2$
		> 6.5	$SR < 2$
C	不具备引发大地震条件且活跃度较低的断层	< 6.5	$SR < 2$

第 8 章　地震人员死亡风险评估

1. 巴基斯坦地震人员死亡风险评估图说明

巴基斯坦地震人员死亡风险评估图（图 8-1~图 8-4）展示四个不同概率水平地震作用下（50 年超越概率 63%、10%、2% 和 100 年超越概率 1%），巴基斯坦因建筑物破坏所导致的地震人员死亡风险分布情况。其以建筑物、人口等社会多元统计数据为基础，获取不同结构类型的既有建筑存量及占比信息，分析各类结构的地震易损性，进而评估不同强度地震作用下巴基斯坦人员死亡风险。

地震人员死亡风险与地震危险性、承灾体（建筑物或人口等）数量、易损性紧密相关。地震人员死亡风险的一般表达式如下：

$$风险 = 危险性 \times 易损性 \times 死亡率 \times 人员分布$$

建筑物数据来源于巴基斯坦国家统计局发布的建筑物存量统计信息（http://www.pbs.gov.pk）和世界房屋百科全书（http://db.world-housing.net/）巴基斯坦技术报告。由于缺少克什米尔地区的建筑物数据，因此暂且不对该地区的地震人员死亡风险进行评估。

易损性数据参考世界房屋百科全书（http://db.world-housing.net/）巴基斯坦技术报告中不同地震烈度（Ⅵ度~Ⅸ度）水平的各类结构倒塌率和巴基斯坦 11 类典型结构报告的 EMS-98 易损性等级，查阅巴基斯坦建筑抗震设计规范（*Building Code of Pakistan*, *Seismic Provisions*-2007）相关建造要求，并对比中国相似建筑物的建构造特点，分析给出各类结构的易损性数据。

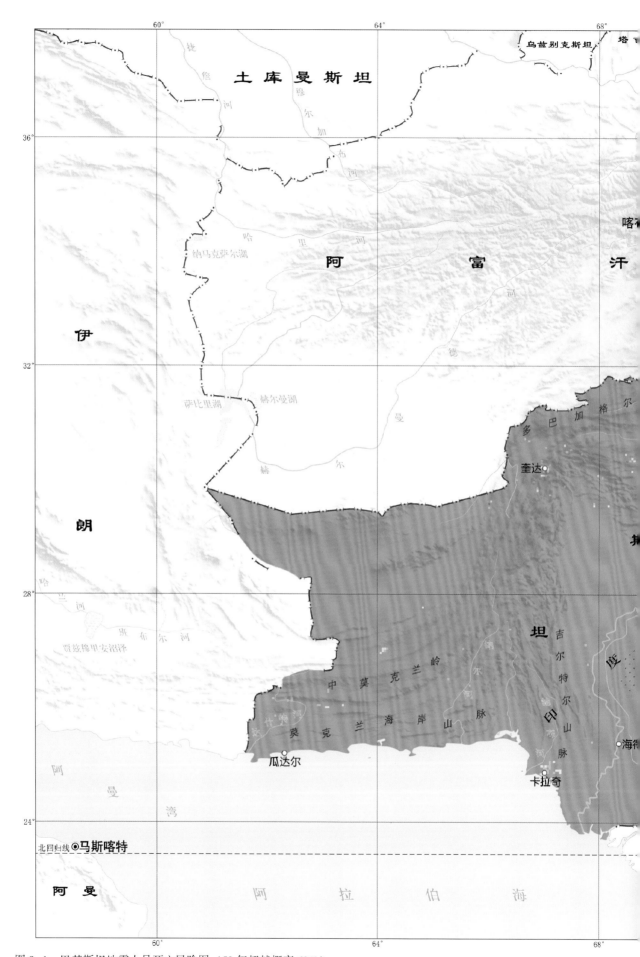

图 8-1　巴基斯坦地震人员死亡风险图（50 年超越概率 63%）

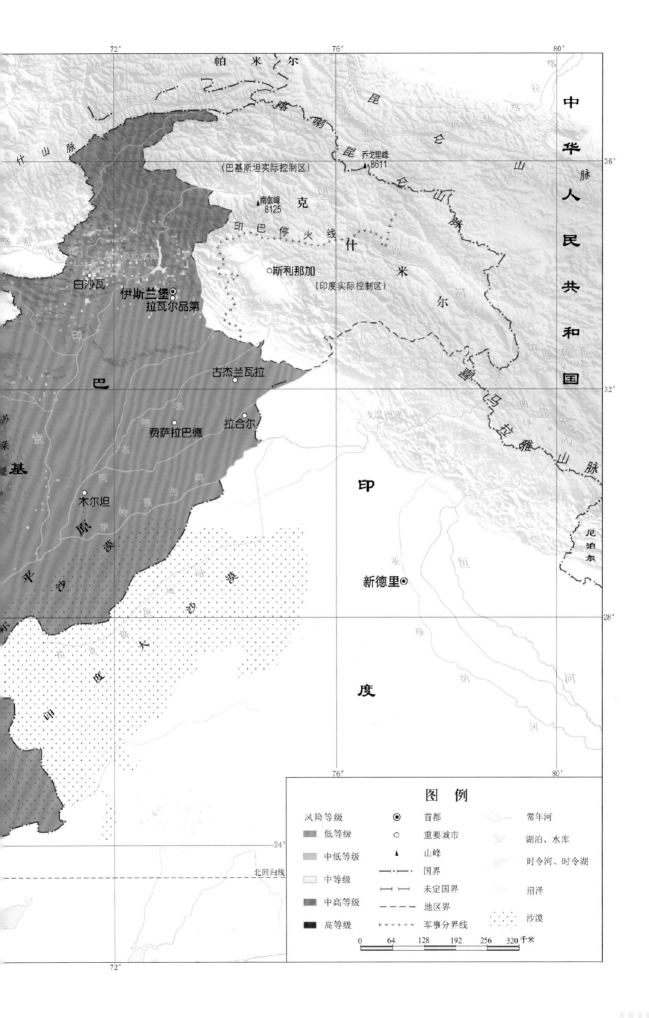

帕 米 尔

中 华 人 民 共 和 国

什 山 脉

（巴基斯坦实际控制区）

乔戈里峰
▲8611

南伽峰
▲8125

克

印 巴 停 火 线

什 米 尔

斯利那加
（印度实际控制区）

白沙瓦

伊斯兰堡
拉瓦尔品第

古杰兰瓦拉

巴

费萨拉巴德　拉合尔

基

喜

马

拉

雅

山

脉

木尔坦

原

平

印

斯

大

沙

漠

度

度

新德里⊙

尼泊尔

北回归线

图 例

风险等级

⊙ 首都
○ 重要城市
▲ 山峰
├—·— 国界
├— ┤ 未定国界
—— 地区界
+ + + + 军事分界线

常年河
湖泊、水库
时令河、时令湖
沼泽
沙漠

低等级
中低等级
中等级
中高等级
高等级

0　64　128　192　256　320 千米

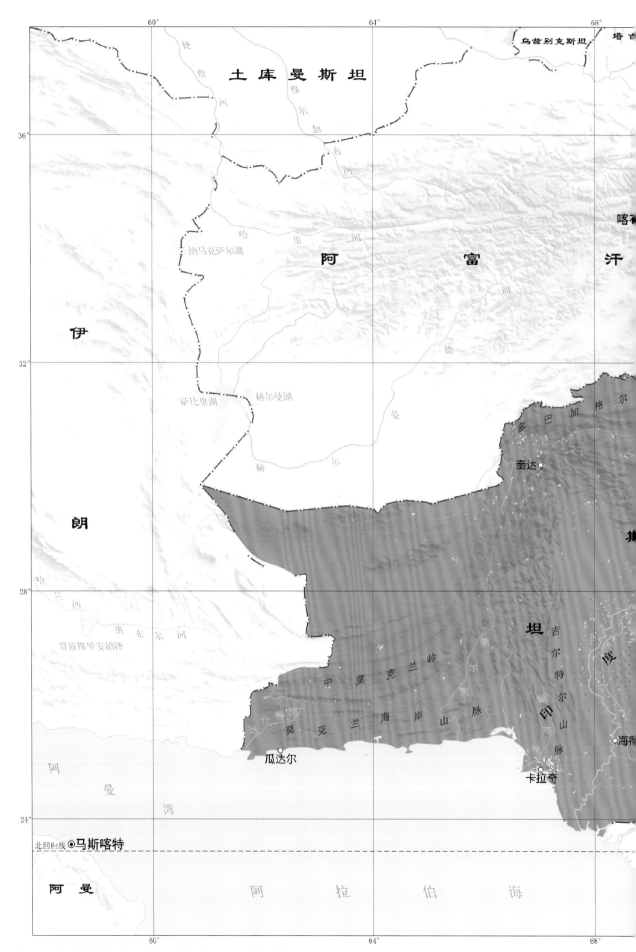

图8-2 巴基斯坦地震人员死亡风险图（50年超越概率10%）

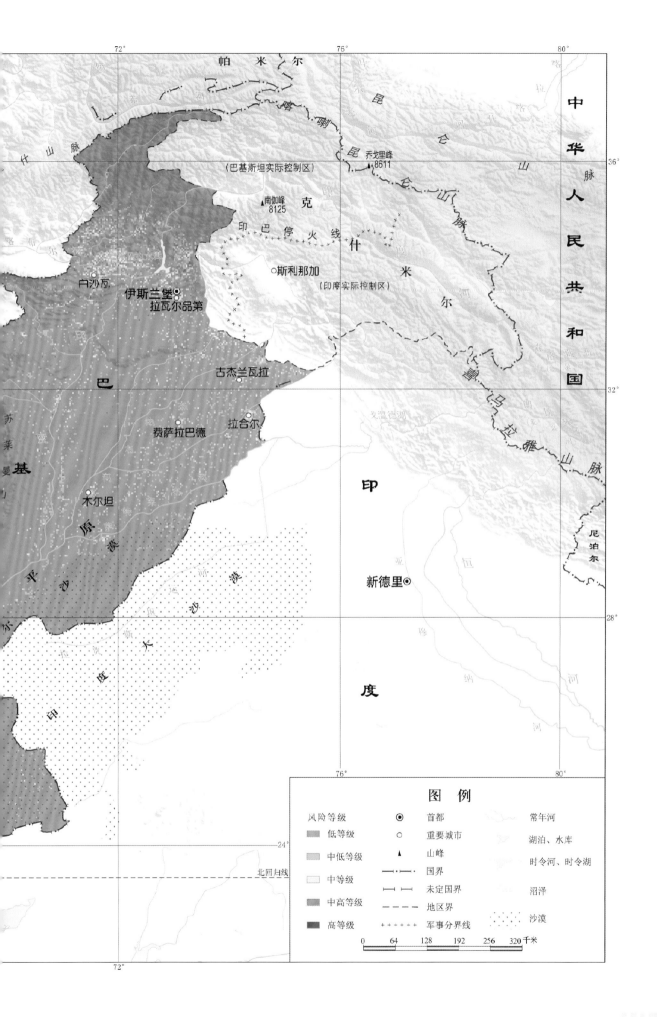

帕 米 尔

中 华 人 民 共 和 国

〔巴基斯坦实际控制区〕

乔戈里峰
▲8611

南伽峰
▲8125

克

印巴停火线

斯利那加

什

〔印度实际控制区〕

米

尔

白沙瓦

伊斯兰堡
拉瓦尔品第

古杰兰瓦拉

印

费萨拉巴德
拉合尔

新德里◉

度

木尔坦

尼泊尔

图 例

风险等级		首都	◉	常年河
低等级		重要城市	○	湖泊、水库
中低等级		山峰	▲	时令河、时令湖
中等级		国界	—·—·—	沼泽
中高等级		未定国界	—ⵗ—	
高等级		地区界	-----	沙漠
		军事分界线	+++++	

0 64 128 192 256 320 千米

北回归线

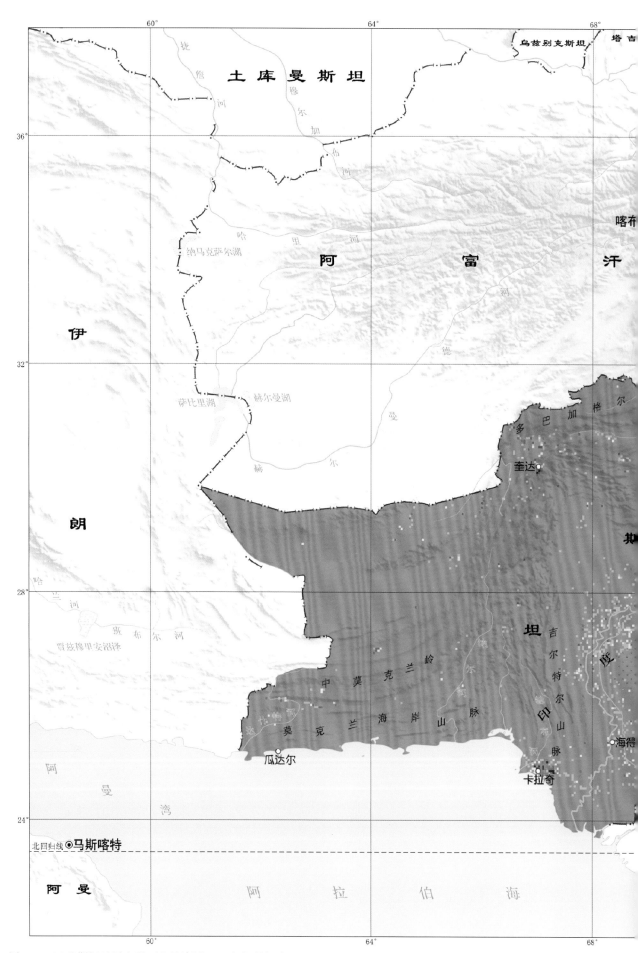

图 8-3　巴基斯坦地震人员死亡风险图（50 年超越概率 2%）

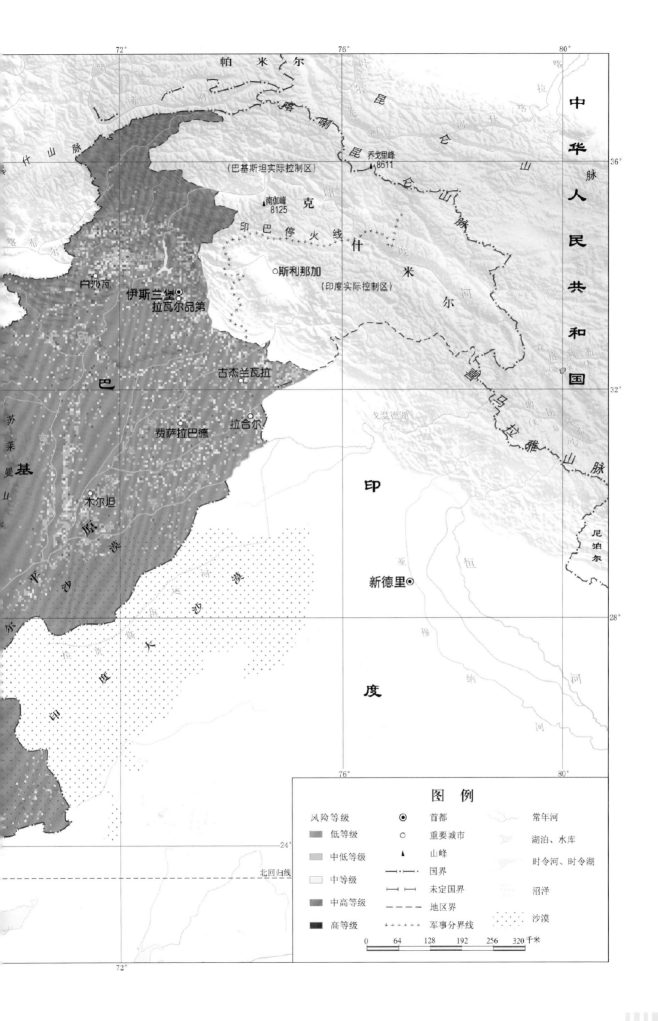

中华人民共和国

帕米尔

（巴基斯坦实际控制区）

乔戈里峰
▲8611

南伽峰
▲8125

克

印巴停火线

什

斯利那加

米

（印度实际控制区）

尔

白沙瓦

伊斯兰堡
拉瓦尔品第

古杰兰瓦拉

巴

费萨拉巴德
拉合尔

戈温德湖

基

喜

马

木尔坦

拉

原

雅

山

脉

平

尼泊尔

印

沙

新德里⦿

度

恒

度

北回归线

图 例

风险等级			
	⊙ 首都		常年河
低等级	○ 重要城市		湖泊、水库
中低等级	▲ 山峰		时令河、时令湖
中等级	—·—·— 国界		沼泽
中高等级	—⊢—⊢— 未定国界		沙漠
高等级	− − − 地区界		
	+++++ 军事分界线		

0 64 128 192 256 320 千米

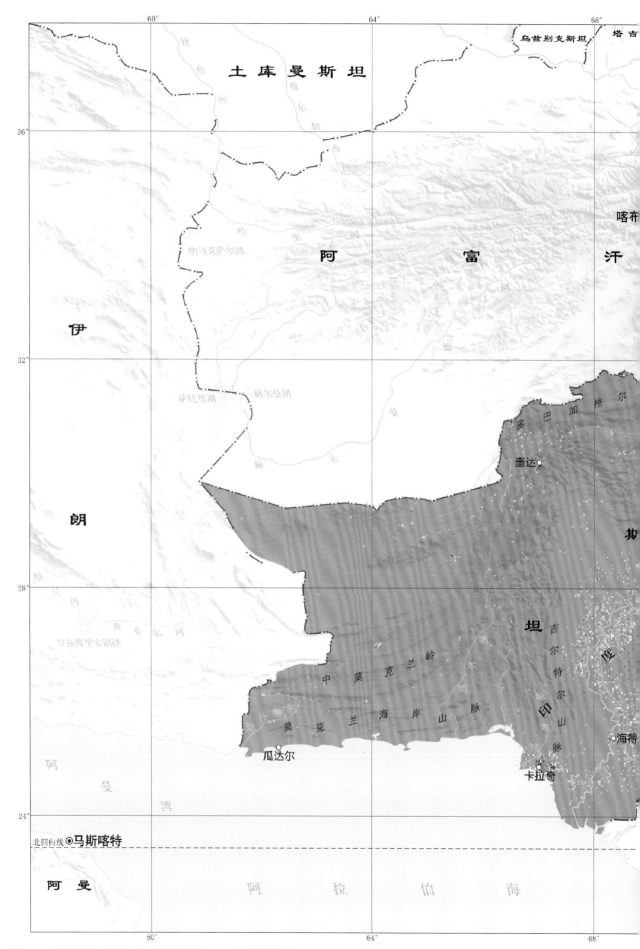

图 8-4　巴基斯坦地震人员死亡风险图（100 年超越概率 1%）

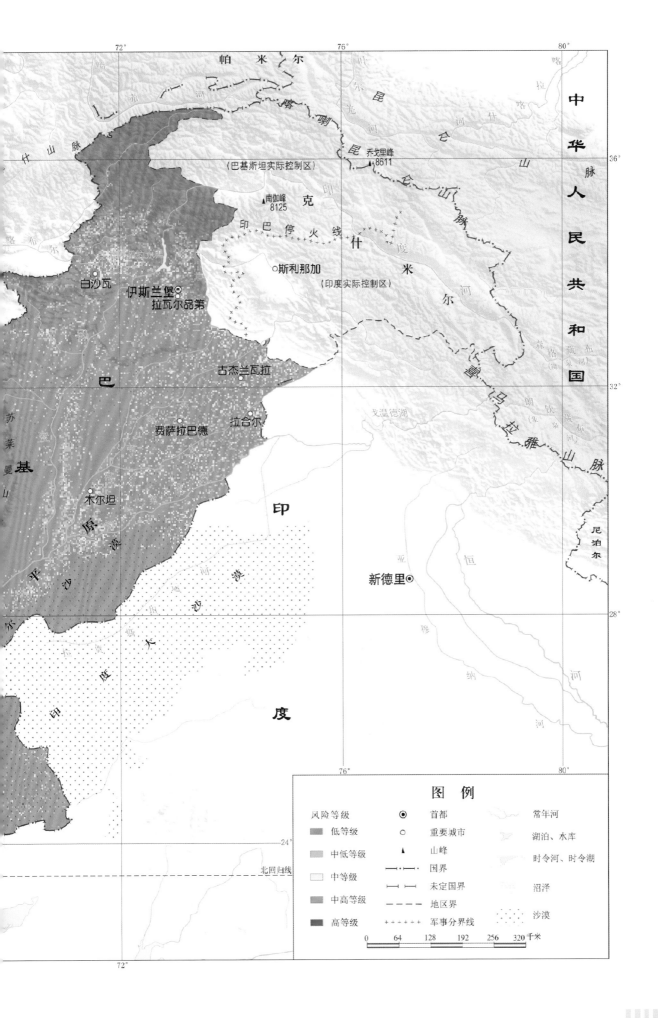

帕 米 尔

中 华 人 民 共 和 国

喀喇昆仑山脉

乔戈里峰
▲8611

（巴基斯坦实际控制区）

南伽峰
▲8125

克

印巴停火线

什

斯利那加○

米

（印度实际控制区）

尔

喜

白沙瓦

伊斯兰堡◎
拉瓦尔品第

马

古杰兰瓦拉

戈温德湖

拉

苏莱曼山

巴

费萨拉巴德

拉合尔

雅

基

木尔坦

原

平

山

印

沙

漠

脉

新德里◎

尼泊尔

恒

度

北回归线

图　例

风险等级		
■ 低等级	◎ 首都	常年河
▨ 中低等级	○ 重要城市	湖泊、水库
□ 中等级	▲ 山峰	时令河、时令湖
▨ 中高等级	国界	沼泽
■ 高等级	未定国界	沙漠
	地区界	
	＋＋＋＋＋ 军事分界线	

0　64　128　192　256　320千米

根据公里网格内地震人员死亡人数估值，将地震人员死亡风险划分为五个等级，从低到高依次为低等级、中低等级、中等级、中高等级和高等级，具体风险等级分级指标见表8-1。

表8-1 地震人员死亡风险等级分级指标

风险等级	分级指标（以公里格网为单元）
低等级	2>死亡人数≥0
中低等级	5>死亡人数≥2
中等级	10>死亡人数≥5
中高等级	50>死亡人数≥10
高等级	死亡人数≥50

基于四个不同概率水平地震作用下的地震人员死亡风险见图8-1至图8-4。从地震人员死亡风险分布图中可以看出，巴基斯坦人口多集中在北部地区，且因巴基斯坦山区众多，人口多沿沟壑分布。由于巴基斯坦建筑物抗震能力相对较弱，因此在50年超越概率63%的地震危险性下，北部人口稠密地区即开始出现中等级的地震人员死亡风险。随着地震危险性水平的提升，位于西北部的开伯尔-普赫图赫瓦省省会白沙瓦和位于南部海岸、印度河三角洲西北部的卡拉奇地区的地震人员死亡风险等级加重至中高等级和高等级。在不同地震危险性水平下的地震人员死亡风险如下。

①在50年超越概率63%（相当于重现期约50年）水平下，巴基斯坦多数地区均为低等级，北部白沙瓦等少数地区出现中等级；

②在50年超越概率10%（相当于重现期约500年）水平下，巴基斯坦多数地区为低等级，北部地区以中等级为主，首都伊斯兰堡、北部的白沙瓦和南部的卡拉奇开始出现中高等级；

③在50年超越概率2%（相当于重现期约2500年）水平下，巴基斯坦多数地区为中等级，北部地区以中高等级为主，首都伊斯兰堡、北部的白沙瓦和南部的卡拉奇开始出现高等级；

④在100年超越概率1%（相当于重现期约10000年）水平下，巴基斯坦绝大多数有人口分布的地区以中等级为主，北部地区以中高等级为主，南部的卡拉奇城区全域为高等级。

第9章　　地震应急准备

巴基斯坦及克什米尔地区地形和气候南北差距较大，南部湿热，北部干燥寒冷，有的地方终年积雪，被埋压人员黄金救援时间大幅缩短，增加了应急救援的紧迫性。震后应急救援时需要考虑时效性的影响，应加强自救互救能力建设。山路较多，需通过实物储备、协议储备等方式储备足量的御寒和生活物资。考虑地域特点，冬季发生地震时首选室内避难方式。

1. 应急常备工作

地震后经常会引起建筑物倒塌，要在短时间内安置灾民，需储备一定数量的棉被和帐篷等物资。位于巴基斯坦及克什米尔地区农村的企业（建筑物抗震能力较差），地震后Ⅵ度区，需安置所在区域人数的0.4%左右；Ⅶ度区需安置区域人数的2%~3%；Ⅷ度区需安置区域人数的30%~40%；Ⅸ度区需安置区域人数的55%~65%；Ⅹ度区需安置接近100%的人口。针对建筑物抗震能力相对较强的城镇地区，地震后Ⅵ度区需安置所在区域人数的0.1%，Ⅶ度区需安置区域人数的1%~2%，Ⅷ度区需安置区域人数的15%~20%，Ⅸ度区需安置区域人数的30%~40%，Ⅹ度区需安置区域人数的90%以上。此外，北部地区应储备棉帐篷，南部地区储备单帐篷，帐篷需求量一般为需安置人口数量的1/6。

巴基斯坦及克什米尔地区约五分之三的土地面积为山区和丘陵，震后容易引起次生地质灾害，引发交通和通信中断的问题。针对通信中断的问题，多山地区按照一定人口比例配备一定数量的卫星电话，以便在公网中断情况下使用（作为参考，在我国多山地区一般建议1个乡镇配备1~2台卫星电话）。针对多山地区震后可能造成的交通中断，建议按照一定比例储备一定数量的应急物资，如食品、饮用水等消耗类物资。位于1类抗震分区的企业，一般储备2~3天的应急物资；位于2类抗震分区的企业，储备3~5天的应急物资；位于3类抗震分区的企业，储备5~10天的应急物资；位于4类抗震分区的企业，储备10天以上的应急物资。

地震后会造成一定数量人员受伤情况，巴基斯坦及克什米尔地区建筑物抗震能力整体较差，受伤人数一般为地震造成死亡人数的5~10倍，需储备一定数量的医药、防疫用品和医务人员。

2. 震时避险逃生

地震来临时，较为明显的特点是门窗、屋顶颤动作响，灰尘掉落，悬挂物如吊灯大幅度晃动，水晃动并从器皿中溢出，屋内大多数人有感觉。这时如正在用火做饭、烧水，应立即关闭火源电源，防止发生火灾，随后立即采取震时避险和震后疏散措施。

（1）震时避险。首先因地制宜，选择安全空间躲避，如坚固家具附近、承重墙墙根墙角等。选择好避震地点后，采取蹲下或坐下的方式，脸朝下，额头枕在两臂上，或抓住桌腿等身边牢固的物体，以免震时摔倒或因身体失控移位而受伤。我国针对人员密集场所，要求制定震时避险方案［《人员密集场所地震避险》（GB/T 30353—2013）］，建议所在地区相关企业制定震时避险方案。

震时避险时应注意：保护头颈，如有可能随手抓一个枕头或坐垫护住头部；保护口鼻，如有可能随手抓住毛巾等纺织品捂住口鼻，避免灰尘呛肺，窒息而死；不要钻进柜子或箱子里，不要靠近炉灶、煤气管道和家用电器；如震时处于底层且撤离较迅速，可以灵活选择直接逃生。

（2）震后疏散。地震结束后，为防止较大余震发生，应尽快有序撤离。撤离后最好前往应急避难场所，或其他宽大的空场地等待安置。我国针对人员密集场所，要求制定震后疏散方案，建议所在地区相关企业制定震后疏散方案。

震后疏散时应注意：巴基斯坦及克什米尔地区山区较多，地震次生地质灾害较严重，逃生后应选择远离地质灾害隐患威胁的场所避险。同时应避开高大建筑物、立交桥等结构复杂的构筑物，避开高耸或悬挂的危险物（变压器、电线杆等），避开危险场所，如狭窄街道、危旧房屋等，不要随人流相互拥挤，不要随便返回室内。

3. 震后自救互救

地震是全灾种灾害，可能引发房屋倒塌、地质灾害、火灾、毒气泄漏等，震后被埋压人员情况各异，自救方法视被埋压情况而定，应注意以下事项。

（1）该地区土木石木结构房屋较多，震后应用湿毛巾或衣物捂住口鼻，防止因灰尘呛闷发生窒息。

（2）尽量活动手脚，防止麻木，并慢慢挪开头部、胸部之上的杂物和压在身上的物件，维持呼吸顺畅。

（3）用周围可以挪动的物品支撑身体上方的重物，并避开身体上方不结实的倒塌物和其他容易引起掉落的物体，避免进一步塌落。

（4）朝有光亮、更安全宽敞的地方挪动，寻找和开辟通道设法脱险；一时无法脱险时要尽量保存体力，避免情绪急躁，盲目大声呼救。

（5）节约使用随身携带的饮用水和食品等，尽量寻找食品和饮用水，必要时可用自己的尿液解渴。

互救是指已经脱险的人员和专门的抢险营救人员对被埋压在废墟下的人员所进行的营救，互救在抗震救灾中具有重要意义。地震互救的基本原则如下。

（1）先多后少，即先在埋压人员多的地方施救。

（2）先近后远，即先救近处的被埋压人员。

（3）先轻后重，即先救轻伤和强壮人员，扩大营救队伍。

（4）先救"生"，后救"人"，即先保证被埋压人员的呼吸等，维持生命的基本需求，再依靠专业救援力量等将其救出。

（5）如果有医务人员被压埋，应优先营救，增加抢救力量。

（6）在救援他人时应优先保证自身安全。

除了自救互救，对于地震深埋压人员，还需要专业救援队进行搜救。巴基斯坦及克什米尔地区农村的地震应急救援主要需要轻型和中型救援队，以应对农村建筑物破坏和倒塌问题。对于城镇，需要重型救援队，以应对砖混和框架结构房屋的破坏；需要中型救援队，主要用于应对砖木房屋破坏。建议所在地区企业日常加强地震自救互救能力建设，加强日常地震应急演练等。

4. 应急组织机构建设

建议驻巴基斯坦及克什米尔地区的中资企业成立企业级应急指挥部，便于在日常和震后开展地震应急准备和应急处置工作。常态环境下，由分管领导履行职责，落实防震减灾各项工作；紧急状态下，由总经理（党委书记）直接指挥、协调、落实各项应急救援任务。

应急指挥部职责包括：

（1）统一领导、指挥本公司抗震救灾各项工作；

（2）负责编制和启动公司地震应急预案，以及开展地震应急演练；

（3）公司所在地区遭受地震灾害后，启动相关应急预案，并组织开展应急处置和救援工作；

（4）震后迅速了解、收集和汇总震情、灾情，及时向我国驻当地使馆、公司上级主管部门和当地政府报告；

（5）负责传达上级部门各项命令和有关通知；

（6）组织震害损失调查和快速评估，收集、汇总应急工作情况；

（7）负责公司地震应急相关新闻发布。

第 10 章　主要地震诱发灾害分布

地震的直接灾害，包括了地震动对工程设施的振动破坏，地震导致的断层地表位错、崩塌滑坡等地质灾害，场地土的液化和震陷等场地灾害，以及地震海啸等。这些灾害可以统称为地震诱发灾害，在巴基斯坦及克什米尔地区都可能出现。

通过定性判断（图 10-1），我们可以认为巴基斯坦及克什米尔地区的北部和西部高原山区可能发生严重的地震崩塌滑坡灾害，东部印度河平原可能发生较为严重的场地液化、震陷等灾害，南部沿海地区可能由于近海或远海地区大地震造成海啸灾害，而地震活动断层穿过的地区可能发生地震地表破裂，这些灾害在本地区历史上都有实际的震害案例。在详细调查和科学评估基础上，这些灾害形式有些能通过适当的工程措施加以避免或减轻，但有些必须通过合理避开灾害隐患地区才能保证工程实施安全。

各类建设工程在规划选址和抗震设防中，一般较为重视地震动作用下的破坏效应并采取相应措施，以确保工程安全；对地震崩塌滑坡、场地液化震陷、地震海啸等地震诱发灾害的重视程度相对不足，但这几类地震诱发灾害对于工程安全、人员伤亡等来说通常是颠覆性和毁灭性的。1945 年俾路支斯坦 8.1 级地震和 2005 年克什米尔 7.6 级地震的诱发灾害对巴基斯坦及克什米尔地区造成了严重破坏，2004 年印度洋地震海啸和 2011 年日本"3·11"地震给全世界敲响了警钟。因此，在巴基斯坦及克什米尔地区进行工程设施和人员伤亡的灾害风险识别与评价中，需要充分重视和考虑可能产生的地震诱发灾害因素的危害，并采取适当的措施加以防范。

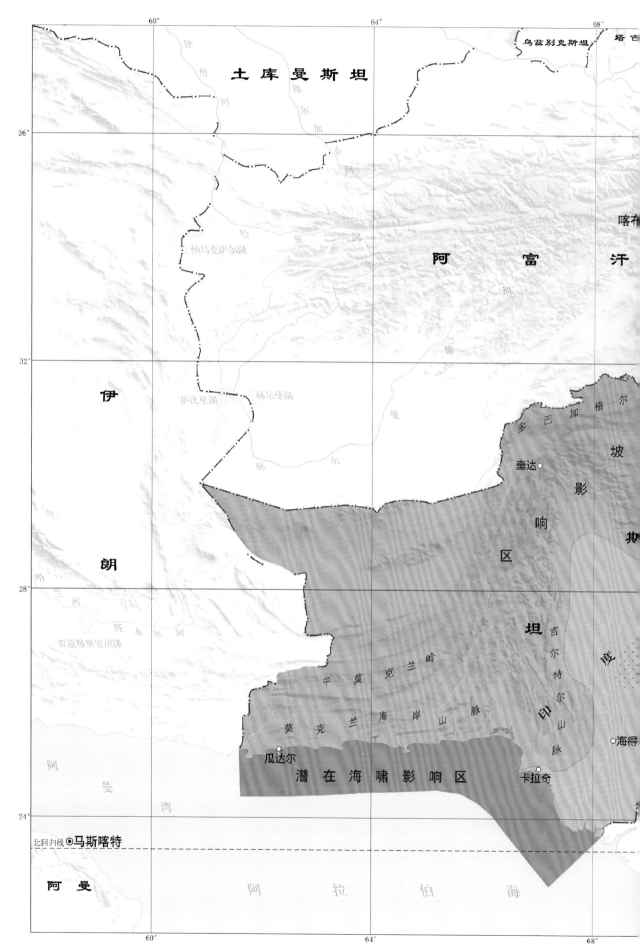

图 10-1　巴基斯坦及克什米尔地区重点工程地震灾害风险评估图

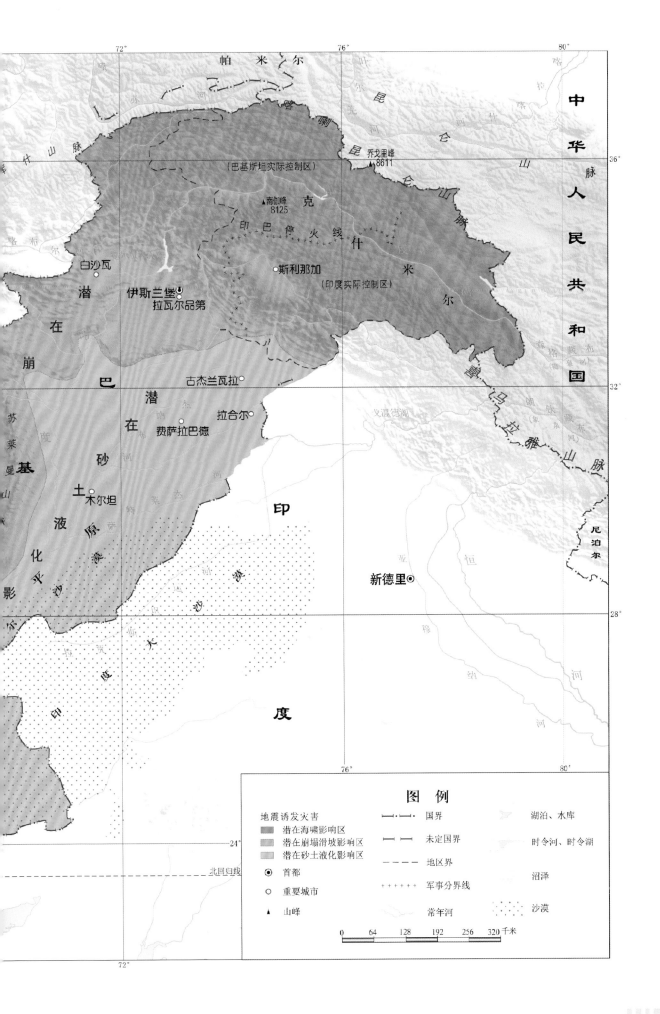

中
华
人
民
共
和
国

帕 米 尔

乔戈里峰
▲8611

（巴基斯坦实际控制区）

▲南伽峰
8125

克

印 巴 停 火 线

什

斯利那加

米

（印度实际控制区）

尔

白沙瓦

潜

伊斯兰堡
拉瓦尔品第

在

崩

巴

喜

古杰兰瓦拉

潜

马

在

拉合尔

拉

基

费萨拉巴德

雅

砂

山

土

木尔坦

液

原

脉

化

平

影

尼泊尔

印

恒

新德里⊙

度

北回归线

053

参考文献

李怀英，张洪由，1997. 1997 年 2 月 28 日巴基斯坦发生 7.3 级地震 [J]. 国际地震动态 (6)：20-21.

李小军，曲国胜，张晓东，2007. 2005 年巴基斯坦北部 7.8 级地震灾害调查与分析 [J]. 震灾防御技术，2 (4)：354-362.

孟令媛，周龙泉，刘杰，2014. 2013 年巴基斯坦 M_W 7.7 地震震源参数特征及烈度分布估计 [J]. 地震，34 (4)：12-19.

宁杰远，臧绍先，1990. 帕米尔—兴都库什地区地震空间分布特征及应力场特征 [J]. 地球物理学报，33 (6)：657-669.

沈军，2015. 中国新疆及邻区地震构造图 [D]. 北京：中国地质大学.

孙柏涛，张桂欣，2017. 中国大陆建筑物地震灾害风险分布研究 [J]. 土木工程学报，50 (9)：1-7.

王卫民，郝金来，何建坤，等，2018. 2013 年巴基斯坦俾路支 M_W 7.7 地震震源过程研究 [J]. 地球物理学报，61 (3)：872-879.

姚文光，洪俊，吕鹏瑞，等，2018. 苏莱曼山—喀喇昆仑山区域地质背景和成矿特征 [M]. 北京：地质出版社.

尹之潜，2004. 地震损失分析与设防标准 [M]. 北京：地震出版社.

赵一霖，刘健，姜科庆，等，2019. 喀喇昆仑断裂北段晚第四纪活动特征及其构造意义 [J]. 地球学报，40 (4)：601-613.

郑剑东，1993. 喀喇昆仑断层与塔什库尔干地震形变带 [J]. 地震地质，15 (2)：107-116.

周本刚，2016. 新一代地震区划图潜在震源区划分的技术进展 [J]. 城市与减灾 (3)：18-23.

Ahmad N, Ali Q, Crowley H, et al, 2014. Earthquake loss estimation of residential buildings in Pakistan [J]. Natural Hazards，73 (3)：1889-1955.

Ambraseys N, Bilham R, 2000. A note on the Kangra M_S = 7.8 earthquake of 4 April 1905 [J]. Current Science，79 (1)：45-50.

Back S, Morley C K, 2016. Growth faults above shale-Seismic-scale outcrop analogues from the Makran foreland, SW Pakistan [J]. Marine and Petroleum Geology，70：144-162.

Basharat M, Rohn J, Ehret D, et al, 2012. Lithological and structural control of Hattian Bala rock avalanche triggered by the Kashmir earthquake 2005, sub-Himalayas, northern Pakistan [J]. Journal of Earth Science，23 (2)：213-224.

Bilham R, Lodi S, Hough S, et al, 2007. Seismic hazard in Karachi, Pakistan：uncertain past, uncertain future [J].

Seismological Research Letters, 78 (6): 601-613.

Borcherdt R D, 1994. Estimates of site-dependent response spectra for design (methodology and justification) [J]. Earthquake Spectra, 10 (4): 617-653.

Butler R W, Prior D J, 1988. Anatomy of a continental subduction zone: the Main Mantle Thrust in northern Pakistan [J]. Geologische Rundschau, 77 (1): 239-255.

Byrne D E, Sykes L R, Davis D M, 1992. Great thrust earthquakes and aseismic slip along the plate boundary of the Makran subduction zone [J]. Journal of Geophysical Research: Solid Earth, 97 (B1): 449-478.

CEN, 2004. Design of Structures for Earthquake Resistance, Part 1: General Rules, Seismic Actions and Rules for Buildings [S]. Brussels: European Committee for Standardization (CEN).

Chevalier M L, 2019. Active Tectonics along the Karakorum Fault, Western Tibetan Plateau: A Review [J]. Acta Geoscientica Sinica, 40 (1): 37-54.

Cornell C A, 1968. Engineering Seismic Risk Analysis [J]. Bulletin of the Seismological Society of America, 58 (5): 1583-1606.

DeMets C, Gordon R G, Argus D F, 2010. Geologically current plate motions [J]. Geophysical Journal International, 181 (1): 1-80.

DiPietro J A, Hussain A, Ahmad I, et al, 2000. The Main Mantle Thrust in Pakistan: its character and extent [J]. Geological Society, London, Special Publications, 170 (1): 375-393.

DiPietro J A, Lawrence R D, 1991. Himalayan structure and metamorphism south of the Main Mantle thrust, Lower Swat, Pakistan [J]. Journal of Metamorphic Geology, 9 (4): 481-495.

Dominik A, Lang H, et al, 2018. Building typology classification and earthquake vulnerability scale of Central and South Asian building stock [J]. Journal of Building Engineering, 15: 261-277.

Fan G, Ni J F, Wallace T C, 1994. Active tectonics of the Pamirs and Karakorum [J]. Journal of Geophysical Research: Solid Earth, 99 (B4): 7131-7160.

全国地震标准化技术委员会, 2015. 中国地震动参数区划图: GB 18306—2015 [S]. 北京: 中国标准出版社.

Gold R D, Reitman N G, Briggs R W, et al, 2015. On-and off-fault deformation associated with the September 2013 M_W 7.7 Balochistan earthquake: Implications for geologic slip rate measurements [J]. Tectonophysics, 660: 65-78.

Jadoon I A, Hinderer M, Kausar A B, et al, 2015. Structural interpretation and geo-hazard assessment of a locking line: 2005 Kashmir Earthquake, western Himalayas [J]. Environmental Earth Sciences, 73 (11): 7587-7602.

Jaiswal K S, Wald D J, 2010. An empirical model for global earthquake fatality estimation [J]. Earthquake Spectra, 26 (4): 1017-1037.

Kanna N, Gupta S, Prakasam K S, 2018. Micro-seismicity and seismotectonic study in Western Himalaya-Ladakh-Karakoram using local broadband seismic data [J]. Tectonophysics, 726: 100-109.

Kazmi A H, Jan M Q, 1997. Geology and tectonics of Pakistan［M］. Karachi：Graphicpublishers.

Khan S D, Glenn N F, 2006. New strike-slip faults and litho-units mapped in Chitral（N. Pakistan）using field and ASTER data yield regionally significant results［J］. International Journal of Remote Sensing, 27（20）：4495-4512.

Lin Y N, Jolivet R, Simons M, et al, 2015. High interseismic coupling in the Eastern Makran（Pakistan）subduction zone ［J］. Earth and Planetary Science Letters, 420：116-126.

Magsi H Z, 2014. Seismic zoning of Pakistan［J］. New Concept in Global Tectonics Journal, 2（2）：47-53.

Mahmood I, Kidwai A A, Qureshi S N, 2015. Revisiting major earthquakes in Pakistan［J］. Geology Today, 31（1）：33-38.

Meigs A J, Burbank D W, Beck R A, 1995. Middle-late Miocene（> 10 Ma）formation of the Main Boundary thrust in the western Himalaya［J］. Geology, 23（5）：423-426.

Molnar P, 1988. A review of geophysical constraints on the deep structure of the Tibetan Plateau, the Himalaya and the Kara-koram, and their tectonic implications［J］. Philosophical Transactions of the Royal Society of London, Series A, Mathe-matical and Physical Sciences, 326（1589）：33-88.

Naseer A, Khan A N, Hussain Z, et al, 2010. Observed seismic behavior of buildings in Northern Pakistan during the 2005 Kashmir Earthquake［J］. Earthquake Spectra, 26（2）：425-449.

National Earthquake Hazards Reduction Program, 2015. Recommended provisions for seismic regulations for new buildings and other structures［S］. Washington D C：Building Seismic Safety Council.

Pajang S, Cubas N, Letouzey J, et al, 2021. Seismic hazard of the western Makran subduction zone：insight from mechanical modelling and inferred frictional properties［J］. Earth and Planetary Science Letters, 562：116789.

Pararas-Carayannis G, 2006. The potential of tsunami generation along the Makran Subduction Zone in the northern Arabian Sea：Case study：The earthquake and tsunami of November 28, 1945［J］. Science of Tsunami Hazards, 24（5）：358-384.

Penney C, Tavakoli F, Saadat A, 2017. Megathrust and accretionary wedge properties and behaviour in the Makran subduction zone［J］. Geophysical Journal International, 209（3）：1800-1830.

Rehman K, Burton P W, Weatherill G A, 2018. Application of Gumbel Ⅰ and Monte Carlo methods to assess seismic hazard in and around Pakistan［J］. Journal of Seismology, 22（3）：575-588.

Riaz M S, Bin S, Naeem S, 2019. Over 100 years of faults interaction, stress accumulation, and creeping implications, on Chaman Fault System, Pakistan［J］. International Journal of Earth Sciences, 108（4）：1351-1359.

Samardjieva E, 2002. Estimation of the expected number of casualties caused by strong earthquakes［J］. Bulletin of the Seis-mological Society of America, 92（6）：2310-2322.

Sengör A M C, 1979. Mid-Mesozoic closure of Permo-Triassic Tethys and its implications［J］. Nature, 279：590-593.

Sengör A M C, 1987. Tectonics of the Tethysides：orogenic collage development in a collisional setting［J］. Annual Review of

Earth and Planetary Sciences, 15: 213-244.

Shah A A, 2013. Earthquake geology of Kashmir Basin and its implications for future large earthquakes [J]. International Journal of Earth Sciences, 102 (7): 1957-1966.

Treloar P J, Broughton R D, Williams M P, et al, 1989. Deformation, metamorphism and imbrication of the Indian Plate, south of the Main Mantle Thrust, North Pakistan [J]. Journal of Metamorphic Geology, 7 (1): 111-125.

Trendafiloski G, Wyss M, Rosset P, et al, 2009. Constructing city models to estimate losses due to earthquakes worldwide: Application to Bucharest, Romania [J]. Earthquake Spectra, 25 (3): 665-685.

Veevers J J, 2004. Gondwanaland from 650—500 Ma assembly through 320 Ma merger in Pangea to 185—100 Ma breakup: supercontinental tectonics via stratigraphy and radiometric dating [J]. Earth-Science Reviews, 68: 1-132.

Waseem M, Khan S, Asif Khan M, 2020. Probabilistic seismic hazard assessment of Pakistan Territory using an areal source model [J]. Pure and Applied Geophysics, 177 (8): 3577-3597.

Yaseen M, Wahid S, Ahmad S, et al, 2021. Tectonic evolution, prospectivity and structural studies of the hanging wall of Main Boundary Thrust along Akhurwal-Kohat transect, Khyber Pakhtunkhwa: implications for future exploration [J]. Arabian Journal of Geosciences, 14 (4): 1-17.

Zhao J X, Zhang J, Asano A, 2006. Attenuation Relations of Strong Ground Motion in Japan Using Site Classification Based on Predominant Period [J]. Bull Seismol Soc Am, 96 (3): 898-913.

附　录

附表1　巴基斯坦及克什米尔地区及其周边 150 km 范围强震目录
（格林威治时间 1904—2021 年，矩震级 $M_W \geqslant 6.5$ 级）

序号	发震时间（年-月-日）	矩震级 M_W	震源深度/km	震中经度/（°）	震中纬度/（°）
1	1905-04-04	7.9	20	76.788	32.636
2	1909-07-07	7.7	200	70.357	36.324
3	1909-10-20	7.2	15	69.333	28.074
4	1911-02-18	7.2	15	72.596	38.289
5	1919-05-23	6.5	15	70.250	31.138
6	1921-11-15	7.8	240	70.674	36.236
7	1928-09-01	6.5	35	70.409	28.934
8	1928-10-15	6.8	35	67.215	28.472
9	1931-08-24	6.8	10	67.726	29.714
10	1931-08-27	7.2	10	67.365	29.784
11	1934-06-13	6.5	10	62.657	28.085
12	1935-05-30	7.6 （里氏震级7.7）	25	66.477	28.941
13	1945-11-27	8.1	15	63.601	24.927
14	1947-08-05	6.8	15	63.369	25.144
15	1948-01-30	6.5	15	63.469	25.055
16	1949-03-04	7.5	229	70.698	36.563
17	1956-09-16	6.5	10	69.667	33.997
18	1962-07-06	6.7	216	70.412	36.458
19	1964-01-28	6.6	196	70.947	36.480
20	1965-03-14	7.4	208	70.724	36.405
21	1966-06-06	6.6	216	71.224	36.421
22	1966-08-01	6.9	25	68.588	29.988

续表

序号	发震时间（年-月-日）	矩震级 M_W	震源深度/km	震中经度/（°）	震中纬度/（°）
23	1974-07-30	7.0	212	70.782	36.319
24	1975-01-19	6.8	8	78.536	32.393
25	1975-10-03	6.5	10	66.387	30.290
26	1975-10-03	6.5	10	66.454	30.391
27	1981-05-02	6.5	219	71.146	36.377
28	1983-04-18	6.7	45	62.173	27.811
29	1983-12-30	7.4	213	70.682	36.396
30	1985-07-29	7.4	99	70.896	36.190
31	1990-03-25	6.5	30	72.979	37.017
32	1991-01-31	6.8	143	70.478	35.911
33	1991-07-14	6.6	219	71.142	36.438
34	1993-08-09	7.0	220	70.793	36.385
35	1996-11-19	6.9	35	78.178	35.318
36	1997-02-27	7.1	30	68.208	29.976
37	1999-11-08	6.5	221	71.244	36.503
38	2001-01-26	7.6	17	70.232	23.419
39	2002-03-03	7.3	205	70.593	36.369
40	2004-04-05	6.5	182	71.038	36.518
41	2005-10-08	7.6	15	73.588	34.539
42	2005-12-12	6.6	221	71.199	36.376
43	2009-01-03	6.6	205	70.755	36.434
44	2011-01-18	7.2	90	64.048	28.748
45	2013-04-16	7.7	51	61.996	28.033
46	2013-09-24	7.8	13	65.501	26.951
47	2013-09-28	6.8	14	65.639	27.186
48	2015-10-26	7.5	221	70.368	36.524
49	2015-12-07	7.2	13	72.912	38.092
50	2016-04-10	6.6	214	71.191	36.432

附表 2　巴基斯坦各个行政区域对应的抗震分区类型

区域	抗震分区类型	区域	抗震分区类型	区域	抗震分区类型
Punjab					
Attock	2B	Shorkot	2A	Multan City	2A
Hassanabdal	2B	Toba Tek Singh	2A	Multan Saddar	2A
Fateh Jang	2B	Kamalia	2A	Shujabad	2A
Pindi Gheb	2B	Gojra	2A	Jalalpur Pirwala	2A
Jand	2B	Gujranwala City	2A	Lodhran	2A
Rawalpindi	2B	Wazirabad	2A	Kahror Pacca	2A
Taxila	2B	Gujranwala Saddar	2A	Dunyapur	2A
Kahuta	2B	Nowshera Virkan	2A	Khanewal	2A
Murree	3	Kamoki	2A	Jehanian	2A
Kotli Sattian	3	Hafizabad	2A	Main Channu	2A
Gujar Khan	2B	Pindi Bhattian	2A	Kabirwala	2A
Jhelum	2B	Gujrat	2B	Dera Ghazi Khan	2A
Sohawa	2B	Kharian	2B	Taunsa	2B
Pind Dadan Khan	2B	Sarai Alamgir	2B	De-Ex. Area of D. G. Khan	2B
Dina	2B	Mandi Bahauddin	2B	Rajanpur	2A
Chakwal	2B	Malikwal	2B	Rojhan	2A
Talagang	2B	Phalia	2A	Jampur	2A
Choa Saidan Shah	2B	Sialkot	2B	De-Ex. Area of Rajanpur	2B
Sargodha	2A	Daska	2B	Leiah	2A
Sillanwali	2A	Pasrur	2B	Chaubara	2A
Bhalwal	2A	Narowal	2B	Karor Lal Esan	2A
Shahpur	2B	Shakargarh	2B	Muzaffargarh	2A
Sahiwal	2A	LahoreCity	2A	Alipur	2A
Kot Momin	2A	Lahore Cantt	2A	Jatoi	2A
Bhakkar	2A	Kasur	2A	Kot Addu	2A
Kalur Kot	2B	Chunian	2A	Bahawalpur	2A
Mankera	2A	Pattoki	2A	Hasilpur	2A
Darya Khan	2A	Okara	2A	Yazman	2A

续表

区域	抗震分区类型	区域	抗震分区类型	区域	抗震分区类型
Khushab	2B	Depalpur	2A	Ahmadpur East	2A
Nurpur	2A	Renala Khurd	2A	Khairpur Tamewali	2A
Mianwali	2B	Sheikhupura	2A	Bahawalnagar	2A
Isa Khel	2B	Nankana Sahib	2A	Minchinabad	2A
Piplan	2B	Ferozwala	2A	Fort Abbas	1
Faisalabad City	2A	Safdarabad	2A	Haroonabad	2A
Faisalabad Saddar	2A	Vehari	2A	Chishtian	2A
Chak Jhumra	2A	Burewala	2A	Rahim Yar Khan	2A
Sammundri	2A	Mailsi	2A	Khanpur	2A
Jaranwala	2A	Sahiwal	2A	Liaquatpur	2A
Tandlianwala	2A	Chichawatni	2A	Sadiqabad	2A
Jhang	2A	Pakpattan	2A		
Chiniot	2A	Arifwala	2A		

Balochistan

区域	抗震分区类型	区域	抗震分区类型	区域	抗震分区类型
Quetta	3	Dera Bugti	3	Aranji (S/T)	2B
Panjpai (S/T)	3	Sangsillah (S/T)	3	Awaran	2B
Pishin	4	Sui	3	Mshki (S/T)	3
Hurramzai (S/T)	4	Loti	3	Jhal Jao	3
Barshore (S/T)	3	Phelawagh	3	Kharan	3
Karezat (S/T)	4	Malam (S/T)	3	Besima (S/T)	2B
Bostan (S/T)	4	Baiker (S/T)	3	Nag (S/T)	2B
Killa Abdullah	3	Pir Koh (S/T)	3	Wasuk (S/T)	2B
Gulistan (S/T)	3	Jaffarabad/Jhat Pat	2B	Mashkhel (S/T)	2A
Chaman	3	Panhwar (S/T)	2B	Bela	2B
Dobandi (S/T)	3	Usta Mohammad	2B	Uthal	2B
Chagai (S/T)	2A	Gandaka (S/T)	2B	Lakhra	2B
Dalbandin	2A	Nasirabad/Chattar	3	Liari (S/T)	2B
Nushki	4	Tamboo	3	Hub	2B
Nokundi S/T	2A	D. M. Jamali	2B	Gadani (S/T)	2B
Taftan	2A	Bolan/Dhadar	3	Sonmiani/Winder	2B
Loralai/Bori	3	Bhag	3	Dureji	2B
Mekhtar (S/T)	3	Balanari (S/T)	3	Kanraj	2B

续表

区域	抗震分区类型	区域	抗震分区类型	区域	抗震分区类型
Duki	3	Sani (S/T)	3	Kech	2B
Barkhan	3	Khattan (S/T)	3	Buleda (S/T)	2B
Musakhel	3	Mach	3	Zamuran (S/T)	2B
Kingri (S/T)	3	Kachhi/Gandawa	2B	Hoshab (S/T)	2B
Killa Saifullah	3	Mirpur (S/T)	2B	Balnigor (S/T)	2B
Muslim Bagh	4	Jhal Magsi	2B	Dasht (S/T)	3
Loiband (S/T)	3	Kalat	3	Tump	2B
Baddini (S/T)	3	Mangochar (S/T)	3	Mand (S/T)	2B
Zhob	3	Johan (S/T)	3	Gwadar	3
Sambaza (S/T)	3	Surab	2B	Jiwani	2B
Sherani (S/T)	3	Gazg (S/T)	3	Suntsar (S/T)	2B
Qamar Din Karez	2B	Mastung	3	Pasni	3
Ashwat (S/T)	2B	Kirdgap (S/T)	3	Ormara	3
Sibi	3	Dasht	3	Panjgur	2B
Kutmandai (S/T)	3	Khad Koocha (S/T)	3	Parome (S/T)	2B
Sangan (S/T)	3	Khuzdar	2B	Gichk (S/T)	2B
Lehri	3	Zehri	2B	Gowargo	2A
Ziarat	4	Moola (S/T)	2B		
Harnai	3	Karakh (S/T)	2B		
Sinjawi (S/T)	4	Nal (S/T)	3		
Kohllu	3	Wadh (S/T)	2B		
Kahan	3	Ornach (S/T)	3		
Mawand	3	Saroona (S/T)	2B		

NWFP					
Chitral	4	Swabi	2B	Kurram	
Drosh	3	Lahore	2B	LowerKurram	2B
Lutkoh	3	Charsadda	2B	Upper Kurram	2B
Mastuj	3	Tangi	3	Kurram F. R.	2B
Turkoh	3	Peshawar	2B	Orakzai	
Mulkoh	3	Nowshera	2B	Central Orakzai	2B
Dir	3	Kohat	2B	Lower Orkzai	2B
Barawal	3	Lachi	2B	Upper Orkzai	2B

续表

区域	抗震分区类型	区域	抗震分区类型	区域	抗震分区类型
Kohistan	3	Hangu	2B	Ismailzai	2B
Wari	3	Karak	2B	South Waziristan	
Khall	3	Banda Daud Shah	2B	Ladha	2B
Temergara	3	Takht-E-Nasrati	2B	Makin（Charlai）	2B
Balambat	3	Bannu	2B	Sararogha	2B
Lalqila	3	Lakki Marwat	2B	Sarwekai	2B
Adenzai	3	Dera Ismail Khan	2A	Tiarza	2B
Munda	3	Daraban	3	Wana	2B
Samarbagh（Barwa）	3	Paharpur	2B	Toi Khullah	2B
Swat		Kulachi	2B	Birmal	2B
Matta	3	Tank	2B	North Waziristan	
Shangla/Alpuri	3	Bajaur		Datta Khel	2B
Besham	3	Barang	3	Dossali	2B
Chakesar	3	Charmang	3	Garyum	2B
Martung	3	Khar Bajaur	3	Ghulam Khan	2B
Puran	2B	Mamund	3	Mir Ali	2B
Buner/Daggar	2B	Salarzai	3	Miran Shah	2B
Malakand/Swat. Ranizai	3	Utmankhel（Qzafi）	3	Razmak	2B
Sam Ranizai	2B	Nawagai	3	Spinwam	2B
Dassu	3	Mohmand		Shewa	2B
Pattan	3	Halimzai	3		
Palas	3	Pindiali	3		
Mansehra	3	Safi	3		
Balakot	4	Upper Mohmand	3		
Oghi	2B	Utman. Khel（Ambar）	3		
T. A. Adj. Mansehra Distt	3	Yake Ghund	3		
Batagram	3	Pringhar	3		
Allai	3	Khyber			
Abbottabad	3	Bara	2B		
Haripur	2B	Jamrud	2B		
Ghazi	2B	Landi Kotal	3		
Mardan	2B	Mula Ghori	3		
Takht Bhai	2B				

续表

区域	抗震分区类型	区域	抗震分区类型	区域	抗震分区类型
Sindh					
Jacobabad	2A	Khairpur Nathan Shah	2B	Tharparkar/Chachro	2A
Garhi Khairo	2A	Sehwan	2A	Nagar Parkar	2B
Thul	2A	Mehar	2A	Diplo	3
Kandhkot	2A	Johi	2B	Mithi	2B
Kashmor	2A	Kotri	2A	Karachi East	2B
Shikarpur	2A	Thano Bula Khan	2A	Karachi West	2B
Khanpur	2A	Hyderabad City	2A	Karachi South	2B
Garhi Yasin	2A	Matiari	2A	Karachi Central	2B
Lakhi	2A	Tando Allahyar	2A	Malir	2B
Larkana	2A	Hala	2A		
Miro Khan	2A	Latifabad	2A	FEDERAL AREA	
Rato Dero	2A	Hyderabad	2A	Islamabad	2B
Shahdadkot	2B	Qasimabad	2A		
Dokri	2A	Tando Mohd Khan	2A	AJK	
Kambar	2B	Badin	2B	Bagh	4
Warah	2A	Golarchi	2A	Bhimbar	2B
Sukkur	2A	Matli	2A	Hajira	4
Rohri	2A	Tando Bagho	2B	Kotli	3
Pano Aqil	2A	Talhar		Muzaffarabad	4
Salehpat	2A	Thatta	2A	New Mirpur	2B
Ghotki	2A	Mirpur Sakro	2A	Palandri	3
Khangarh	2A	Keti Bunder	2A	Rawalakot	3
Mirpur Mathelo	2A	Ghorabari	2A		
Ubauro	2A	Sujawal	2A	NORTHERN AREA	
Daharki	2A	Mirpur Bathoro	2A	Chilas	3
Khairpur	2A	Jati	2A	Dasu	3
Kingri	2A	Shah Bunder	2A	Gakuch	3
Sobhodero	2A	Kharo Chan	2A	Gilgit	3
Gambat	2A	Sanghar	2A	Ishkuman	2B
Kot Diji	2A	Sinjhoro	2A	Skardu	3
Mirwah	2A	Khipro	2A	Yasin	3
Faiz Ganj	2A	Shahdadpur	2A		
Nara	2A	Jam Nawaz Ali	2A		

续表

区域	抗震分区类型	区域	抗震分区类型	区域	抗震分区类型
Naushahro Feroze	2A	Tando Adam	2A		
Kandioro	2A	Mirpur Khas	2A		
Bhiria	2A	Digri	2A		
Moro	2A	Kot Ghulam Moh	2A		
Nawab Shah	2A	Umerkot	2A		
Skrand	2A	Samaro	2A		
Daulatpur	2A	Kunri	2A		
Dadu	2A	Pithoro	2A		

附表 3　中国地层简表

宇	界	系	统	阶	年代（百万年）
显生宇	新生界	第四系	全新统	待建阶	0.0117
			更新统	萨拉乌苏阶	0.126
				周口店阶	0.781
				泥河湾阶	2.588
		新近系	上新统	麻则沟阶	3.6
				高庄阶	5.3
				保德阶	7.25
			中新统	灞河阶	11.6
				通古尔阶	15.0
				山旺阶	
				谢家阶	
		古近系	渐新统	塔本布鲁克阶	23.03
				乌兰布拉格阶	28.39
			始新统	蔡家冲阶	33.80
				垣曲阶	38.87
				伊尔丁曼哈阶	42.67
				阿山头阶	48.48
				岭茶阶	
			古新统	池江阶	55.8±0.2
				上湖阶	61.7±0.2
					65.5±0.3
	中生界	白垩系	上白垩统	绥化阶	79.1
				松花江阶	86.1
				农安阶	99.6
			下白垩统	辽西阶	119
				热河阶	130
				冀北阶	145
		侏罗系	上侏罗统	未建阶	
			中侏罗统	玛纳斯阶	
				石河子阶	180±4
			下侏罗统	硫磺沟阶	195±4
				永丰阶	199.6
		三叠系	上三叠统	佩枯错阶	
				亚智梁阶	
			中三叠统	新铺阶	
				关刀阶	247.2
			下三叠统	巢湖阶	251.1
				印度阶	252.17
	古生界	二叠系	乐平统	长兴阶	254.14
				吴家坪阶	260.4
			阳新统	冷坞阶	
				孤峰阶	
				祥播阶	
				罗甸阶	
			船山统	隆林阶	
				紫松阶	299
		石炭系	上石炭统	逍遥阶	
				达拉阶	
				滑石板阶	
				罗苏阶	318.1±1.3
			下石炭统	德坞阶	
				维宪阶	
				杜内阶	359.58
		泥盆系	上泥盆统	邵东阶	
				阳朔阶	
				锡矿山阶	
				余田桥阶	385.3
			中泥盆统	东岗岭阶	
				应堂阶	397.5
				四排阶	
			下泥盆统	郁江阶	
				那高岭阶	
				莲花山阶	416.0

宇	界	系	统	阶	年代（百万年）
显生宇	古生界	志留系	普里多利统	未建阶	418.7
			拉德洛统	卢德福德阶	
				戈斯特阶	422.9
			文洛克统	侯默阶	
				申伍德阶	428.2
			兰多弗里统	南塔梁阶	
				马蹄湾阶	
				埃隆阶	
				鲁丹阶	443.8
		奥陶系	上奥陶统	赫南特阶	445.6
				钱塘江阶	
				艾家山阶	458.4
			中奥陶统	达瑞威尔阶	467.3
				大坪阶	470.0
			下奥陶统	益阳阶	477.7
				新厂阶	485.4
		寒武系	上寒武统	牛车河阶	
				江山阶	
				排碧阶	497
			中寒武统	古丈阶	
				王村阶	
				台江阶	509
				都匀阶	
			下寒武统	南皋阶	521
				梅树村阶	
				晋宁阶	
	新元古界	震旦系	上震旦统	灯影峡阶	542
				吊崖坡阶	550
			下震旦统	陈家园子阶	580
				九龙湾阶	610
元古宇		南华系	上南华统		635
			中南华统		660
			下南华统		725
		青白口系			780
	中元古界	待建系			1000
		蓟县系			1400
		长城系			1600
	古元古界				1800
					2500
太古宇	新太古界				2800
	中太古界				3200
	古太古界				3600
	始太古界				4000
	冥古界				

附表 4 中国地震局已开展的境外地震安全性评价工程项目

序号	项目名称	所在国家
1	Karot 水电工程场地地震安全性评价	巴基斯坦
2	巴基斯坦（SK）水电站工程场地地震安全性评价	巴基斯坦
3	巴基斯坦阿扎德帕坦水电站场地地震安全性评价	巴基斯坦
4	巴基斯坦科哈拉水电站应力测试	巴基斯坦
5	巴基斯坦玛尔水电站地应力测试	巴基斯坦
6	巴拿马运河三桥工程场地设计地震动参数确认	巴拿马
7	中亚天然气管道 D 线工程地震安全性评价	吉尔吉斯斯坦、塔吉克斯坦、乌兹别克斯坦
8	中亚天然气管道工程吉尔吉斯斯坦境内段地震地质调查	吉尔吉斯斯坦
9	肯尼亚内罗毕至马拉巴铁路东非大裂谷区地震危险性初步分析	肯尼亚
10	肯尼亚内罗毕至马拉巴铁路地震危险性分析	肯尼亚
11	老挝南涧河 1 号水电站地震安全性评价	老挝
12	老挝南法水电站工程场地地震安全性评价	老挝
13	中国-马尔代夫友谊大桥项目工程场地地震安全性评价	马尔代夫
14	莫桑比克 SAVE 河新桥工程场地地震安全性评价	莫桑比克
15	莫桑比克马普托商业综合体地震安全性评价	莫桑比克
16	尼泊尔西塞提水电站水电工程场地地震安全性评价	尼泊尔
17	尼加拉瓜运河工程火山灾害影响评价及工程场地地震安全性评价	尼加拉瓜
18	斯里兰卡科伦坡电视塔工程场地地震安全性评价	斯里兰卡
19	泰国铁路（曼谷至呵叻段）工程场地地震安全性评价	泰国
20	印度尼西亚苏拉马都大桥工程	印度尼西亚
21	印尼南苏 1 号 2×350MW 燃煤发电新建工程地震安全性评价	印度尼西亚
22	印尼拉里昂彼力水电站工程区构造专题研究	印度尼西亚
23	印度尼西亚华飞镍钴（印尼）有限公司 12 万吨镍金属量氢氧化镍钴湿法项目尾矿库工程地震安全性评价	印度尼西亚
24	乍得原油管道 Ronier-Kome 末站工程场地设计地震动参数确定	乍得
25	智利查考大桥地震动参数研究	智利
26	厄瓜多尔基多市 Guayasamin 大桥场地设计地震动参数咨询项目	厄瓜多尔

序号	项目名称	所在国家
27	赤道几内亚吉布劳新城场地设计地震动参数确定	赤道几内亚
28	泛亚铁路中通道昆明至万象线磨憨至万象段工程场地断层活动性调查与地震安评	老挝
29	老挝磨憨至万象铁路应力测试	老挝
30	湄公河流域区域构造稳定性及地震危险性分析	老挝、缅甸、泰国、柬埔寨、越南
31	中蒙锡伯敖包电厂项目地震安全性评价	蒙古
32	中缅铁路通道木姐至腊成段地震安全性评价	缅甸
33	尼泊尔上马克西水电站应力测试及工程区域应力评价	尼泊尔
34	尼泊尔上马克西水电站上坝址引水洞应力测试及工程区域应力评价	尼泊尔
35	尼泊尔拉苏瓦水电站应力测试	尼泊尔
36	印尼雅加达至万隆高铁工程场地地震安评	印度尼西亚
37	越南会广水电站地应力测试	越南